초등생 학습력을 높이는

황금시간표

초등생 학습력을 높이는

황금시간표

아이의/시간 관리 능력이/평생 성적을/좌우한다

나카하타 치히로 지음 | 주용기 옮김

부엔리브로

물고기보다 '고기 잡는 법'을

위대한 성공을 거둔 사람들의 가장 충직한 하인은 바로 '습관'이라고 합니다. 이 말은 곧 좋은 습관이 훌륭한 사람을 만든다는 뜻이겠지요.

타고난 재능이나 주어진 환경도 어느 정도 작용하겠지만, 거기에만 의존해서는 결코 훌륭한 사람, 성공한 사람이 될 수 없습니다. 그보다는 어떤 생활습관을 가지고 삶을 일구어 나가느냐 하는 것이 성공의 열쇠입니다.

〈황금시간표〉는 습관이 삶의 질과 가치를 결정한다는, 이 평범하지만 어김없는 진리에 착안하여 우리 아이들을 '공부 잘하는 아이'로 만들 수 있는 길로 안내해 주는 책입니다. 이 경우 '공부 잘하는 아이'란 단순히 학교 공부만 잘하는 아이를 가리키는 말이 아님은 물론입니다. 지속적인 자기 계발과 발전을 통하여 성공적인 삶을 일구어 낼 수 있는 바탕을 잘 만들어 가는 아이를 뜻하는 말입니다.

이 책, 〈황금시간표〉는 공부와 생활습관을 밀착시켜 아이들이 저항감 없이 공부할 수 있도록 해 주는 것이 부모의 역할임을 밝히고, 그 구체적이고도 실제적인 방법을 친절하게 일러줍니다.

여든까지 가지고 가게 될 '고기 잡는 법'을 자녀에게 가르쳐 주고자 한다면 반드시 이 책을 읽어보시기 바랍니다. 특히 열 살 미만의 자녀를 가진 부모님들에게는 필독서라고 해도 지나친 말이 아닐 것입니다.

홍태식

전 서울시교원단체 총연합회장
명지전문대학 문예창작과 교수

Solution 1 슈퍼 맘에게 배우는 목표 관리력 향상

"내가 공부를 못했으니 아이가 공부를 못하는 것도 어쩔 수 없지 뭐."

"나도 일류 대학을 못 나왔는데 아이가 그렇게 되기를 기대하다니…… 꿈도 꿀 수 없는 일이야."

간혹 이런 대화를 나누는 어머니들을 봅니다. 그런데 정말 그럴까요?

부모는 공부를 그다지 잘하지 못했는데 자녀들은 최고의 명문 대학에 입학하는 사례들을 저는 주변에서 자주 봅니다. 그렇다면 그것은 '솔개가 매를 낳은' 기적과 같은 일일까요?

그렇지 않습니다.

제가 만났던 공부 잘하는 아이의 부모님에게는 부모님의 학습 능력이 아닌 다른 공통점이 있었습니다.

그것은 아이가 10세가 되기 전에 ① 목표 관리력 ② 집중력을 몸에 익히도록 가정 교육을 시켰다는 것입니다. 그렇다고 가정 교육에 복잡하고 특별한 프로그램이 있었던 것이 아닙니다. 단지 가장 기본적인 생활 수칙을 습관이 되게 코칭하는 것이었습니다.

이 같은 사실은 어느 유명 통신 교육 회사의 의뢰를 받아 '공부 잘하는 아이들의 학습 행동 패턴' 등을 실제로 조사하면서 더욱 확실하게 증명되었습니다.

저는 사람들이 특정한 행동을 하는 원인을 인간의 본능적 행위 특성에서 분석해 내는 'G감성 마케팅' 이라는 방법으로 마케팅 리서치, 데이터 분석, 컨설팅을 하는 (주) 미디어 마케팅네트워크(MMN) 회사의 대표 연구원으로 근무하였습니다. 그러다 보니 통신 교육회사에서 의뢰된 업무 조사 이외에도, 12년 동안 5만 명 이상의 '공부 잘하는 아이의 학습 행동 패턴' 을 조사하게 되었습니다. 그러한 시간을 거치며 얻은 결론은, 부모님의 학력에 관계없이 아이들은 공부를 잘할 수 있다는 사실입니다.

그 결론을 얻은 뒤에 다시 새롭게 수도권에 살고 있는 유치원 원생에서 중학교 3학년 학생에 이르기까지 모두 2,534가정을 선정하여 평상시 학습 태도와 생활습관에 관한 앙케트 조사

및 대면 인터뷰를 실시하였습니다.

그 결과는 오랜 시간에 걸쳐 품어 왔던 제 생각 그리고 선행된 조사에서 얻은 결론을 확실하게 증명해 주었습니다.

요컨대 공부 잘하는 아이, 수험에 성공한 아이들은 부모의 학력에 영향을 받기보다, 오히려 어려서부터 몸에 익힌 생활습관에 영향을 받는다는 사실(!)이었습니다.

예를 들면 어려서부터 매일 같은 시간에 일어나 동일한 시간에 간식을 먹고, 동일한 시간에 잠을 자는 것과 같은 평범한 일상을 규칙적으로 실행하는 생활습관이 몸에 배어 있었습니다. 이처럼 사소한 일상조차 꾸준히 규칙적으로 유지해 나가는 아이가 '학습력이 뛰어난 아이' 로 성장하였습니다.

이와 관련하여 우리가 눈여겨보아야 할 사실이 있습니다. 아이들이 그러한 규칙적인 생활습관을 10세가 되기 전에 이미 익혀 두고 있다는 것입니다. 우리는 그 사실을 중요하게 생각합니다. 그 습관에 의해 아이는 일찍부터 '공부를 잘한다' 는 자각, 즉 학습 자존감을 갖게 될 뿐만 아니라, 학습력이 뛰어난 아이들 그룹에 편입될 수 있기 때문입니다. 아이가 일찍 '공부 잘하는 그룹' 에 들어가게 되면, 그 후로는 '공부 잘하는 그룹의 친구' 들이 서로를 이끌어 줄 가능성이 높아집니다.

그뿐만 아니라 '공부를 잘한다'는 자각은 아이의 학습 자존감과 자신감을 높여 주고, 그 자존감은 아이가 인생을 살아가며 만나게 될 무수한 역경을 극복할 수 있게 하는 힘으로 작용할 수 있기 때문입니다.

인간이란 본능적으로 욕망의 지배를 받기 쉬운 존재입니다. 그러다 보니 몸과 정신을 단련하는 규칙적인 생활, 공부와 같은 자기 극복을 요구하는 것보다, 편하고 즐거운 것을 선택하려는 경향이 강합니다. 그리고 그것을 위해 속임수도 마다하지 않습니다. 그러므로 몸과 정신을 단련하는 좋은 습관을 몸에 익히도록 지도하여, 그 습관에 의해 자존감을 높이는 성과를 경험하게 한다면, 그 습관을 벗어났을 때 왠지 모를 불안감, 찜찜함을 느끼게 될 것이고, 실제 그러한 시간이 초래한 나쁜 결과를 맞게 된다면 자존감을 크게 훼손당할 것입니다. 자존감을 경험했던 아이라면 그러한 상태가 싫어 더 이상 부모가 코칭을 하지 않아도 가능한 한 날마다 좋은 습관을 유지하려 노력할 것입니다.

그런데도 앙케트나 인터뷰를 하면서 "학력이 없어서……"라고 말하는 어머니들을 많이 만날 수 있었습니다. 그때마다 '어떤 아이라도 공부를 잘하는 아이가 될 수 있는데…… 안타깝다.'는 생각을 하였습니다. 그러면서 느꼈습니다. 부모 스스로

"학력이 없어서……"라고 말하는 것은, 어쩌면 아이에게 규칙적인 생활습관을 익히도록 지도할 수 없을 만큼 유약한 자신을 변명하는 것이라고. 그런 엄격하지 못한 부모의 태도가 공부를 잘할 수 있는 아이의 가능성마저 잘라 내는 것은 아닐까요.

모든 아이에게는 무한한 가능성이 잠재되어 있습니다.

스포츠, 음악 그리고 미술 분야에 자신있어 하는 아이들이 있습니다. 그러한 아이들의 모습은 아이들이 그 분야에 재능이 있다는 의미입니다. 그런 재능을 발견하여 키워 주는 것도 부모의 역할입니다.

하지만 공부에는 재능이 필요하지 않습니다. 조사 결과에서 드러나듯이, 생활습관 그 자체로 어떠한 아이라도 공부를 잘할 수 있게 됩니다. 달리기에서 1등 하는 것보다, 노래 대회에서 1등 하는 것보다, 실은 공부에서 1등 하기가 훨씬 더 쉬울 것입니다.

그럼에도 불구하고 부모의 학력과 아이의 학습력이 비례한다는 말이 통용되는 까닭은 무엇일까요. 그것은 학력이 높은 부모는 어려서부터 규칙적인 생활을 익혔을 것이고, 그 습관을 어른이 되어서도 유지하여 자신의 아이에게도 익숙하게 만들어 주기 때문이 아닐까요. 결국 '유전' 하는 것은 부모의 학력이 아니라 '생활습관=시간표' 입니다.

'공부 잘하는 아이' 의 시간표는 '공부 못하는 아이' 의 시간표와 과연 어떻게 다를까요? 이제 '공부 잘하는 아이' 와 '공부 못하는 아이' 들의 전형적인 시간표를 소개하고자 합니다. 시간표는 유치원 아동, 초등학교 저학년 아동에 맞춘 두 가지 패턴으로 준비하였으니 자녀의 연령에 맞추어 보아 주세요.

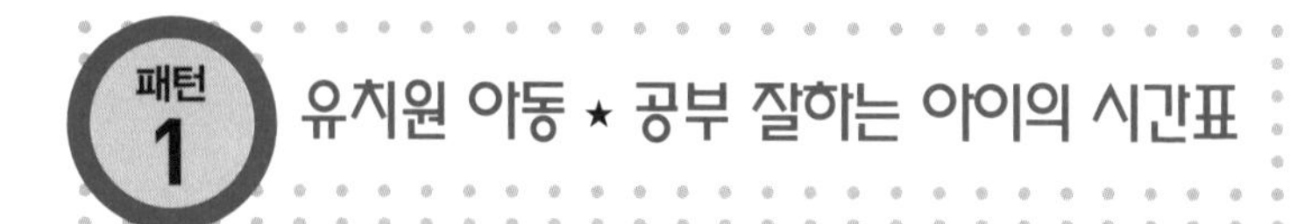
패턴 1
유치원 아동 ★ 공부 잘하는 아이의 시간표

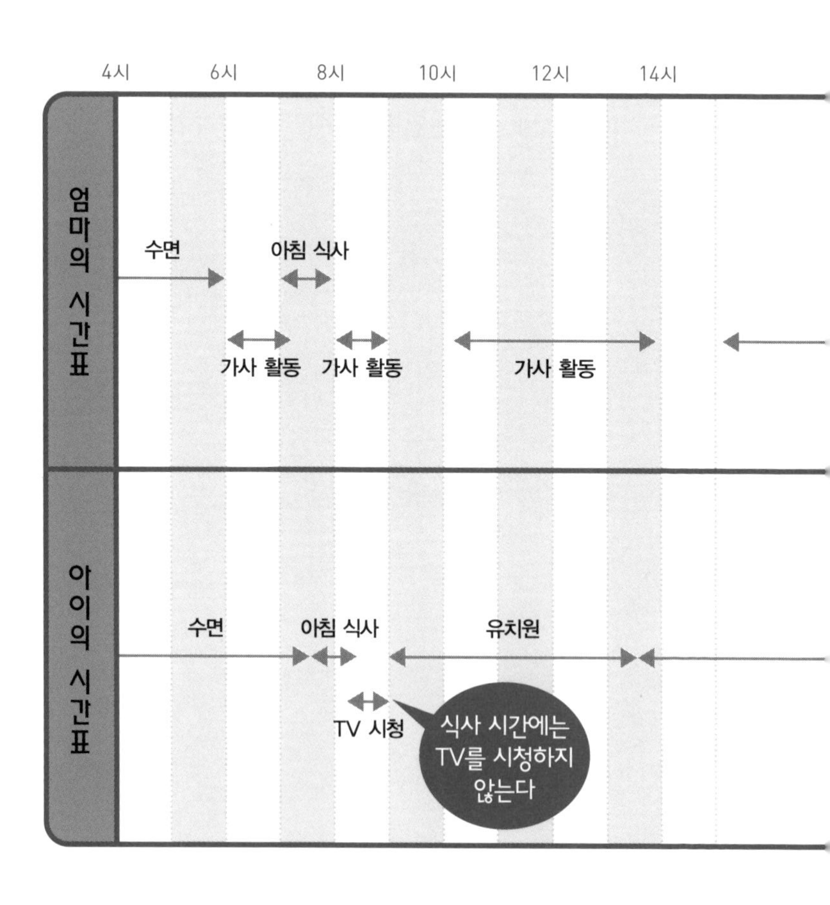
4시
6시
8시
10시
12시
14시
엄마의 시간표
수면
아침 식사
가사 활동
가사 활동
가사 활동
아이의 시간표
수면
아침 식사
유치원
TV 시청
식사 시간에는 TV를 시청하지 않는다

엄마 기상 시간 6시 00분 취침 시간 23시 00분
아이 기상 시간 7시 30분 취침 시간 21시 00분

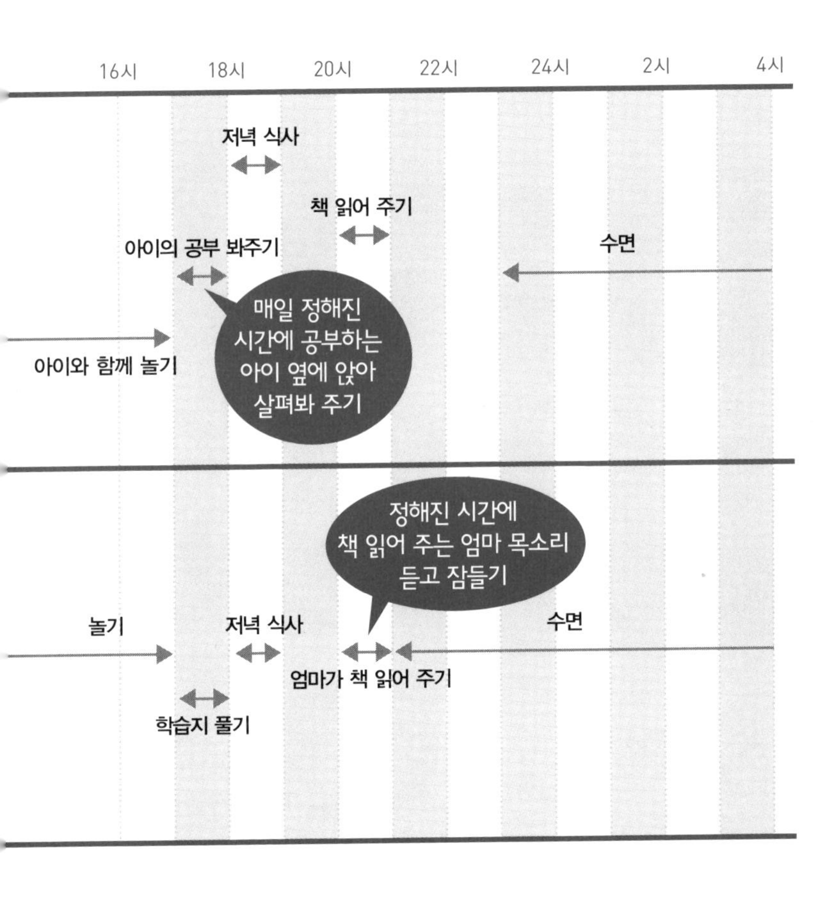

패턴 1 유치원 아동 ★ 공부 못하는 아이의 시간표

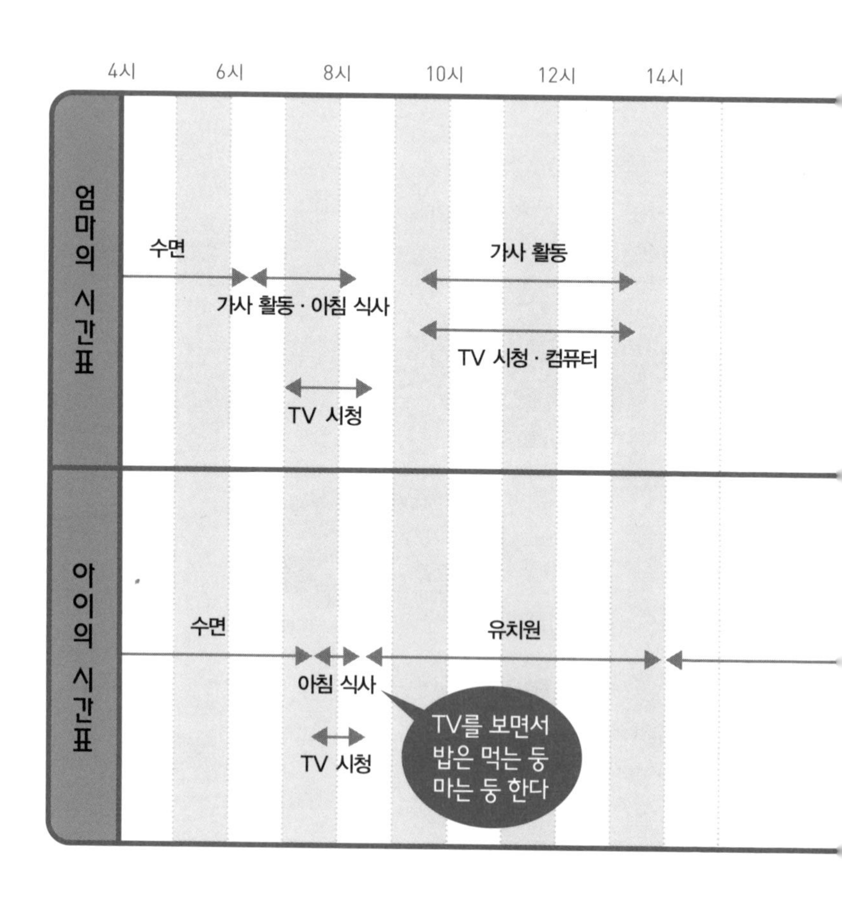

엄마 기상 시간 6시 15분 취침 시간 23시 00분
아이 기상 시간 7시 30분 취침 시간 21시 00분

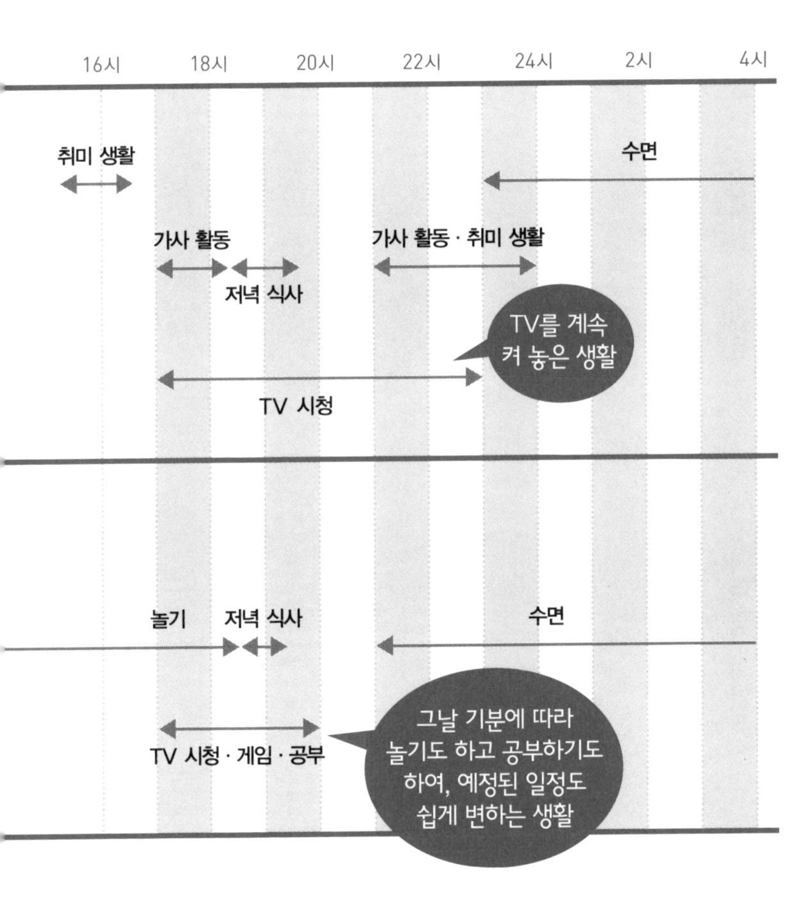

패턴 2 초등학교 저학년 ★ 공부 잘하는 아이의 시간표

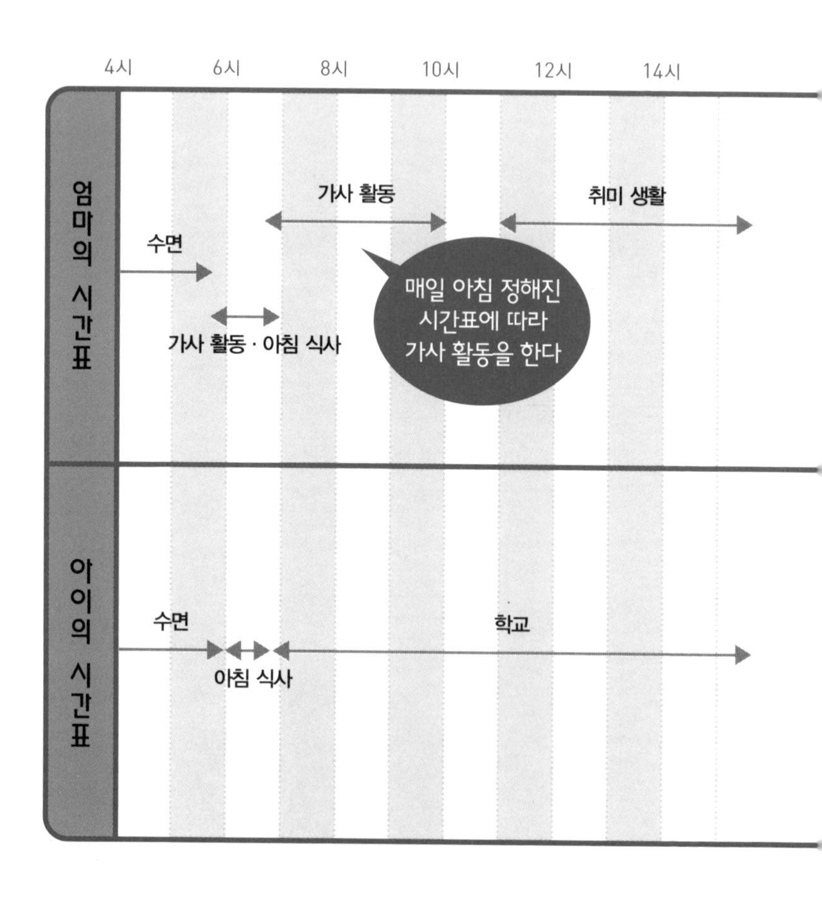

엄마 기상 시간 5시 30분 취침 시간 23시 00분
아이 기상 시간 6시 00분 취침 시간 21시 00분

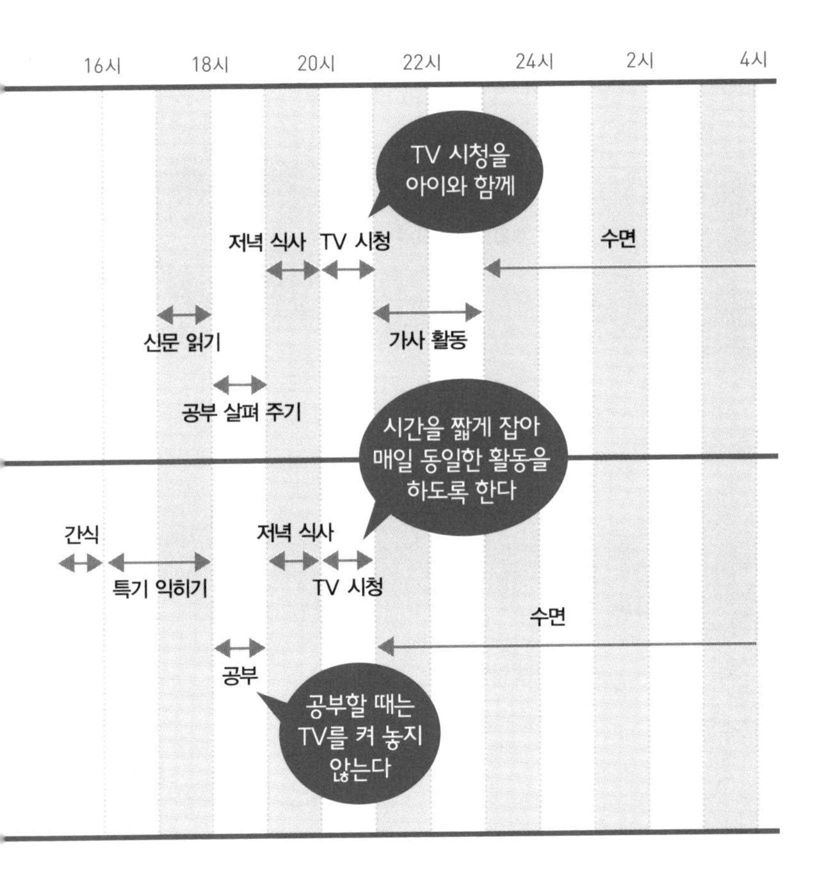

초등학교 저학년 ★ 공부 못하는 아이의 시간표

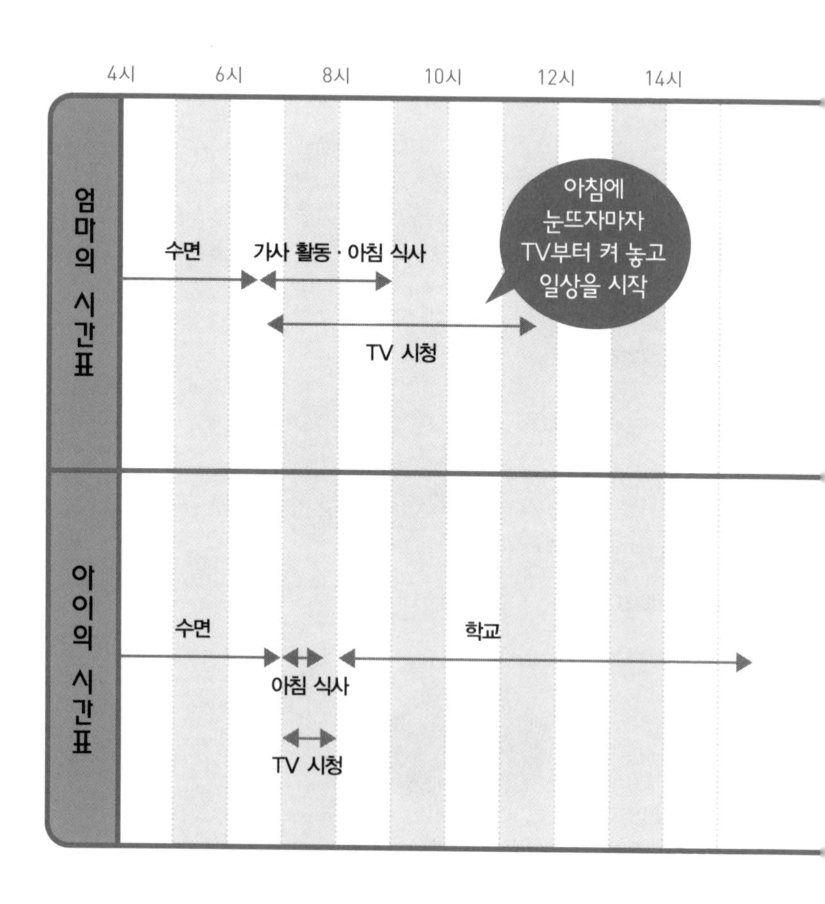

엄마 기상 시간 6시 20분 취침 시간 23시 00분
아이 기상 시간 7시 30분 취침 시간 21시 00분

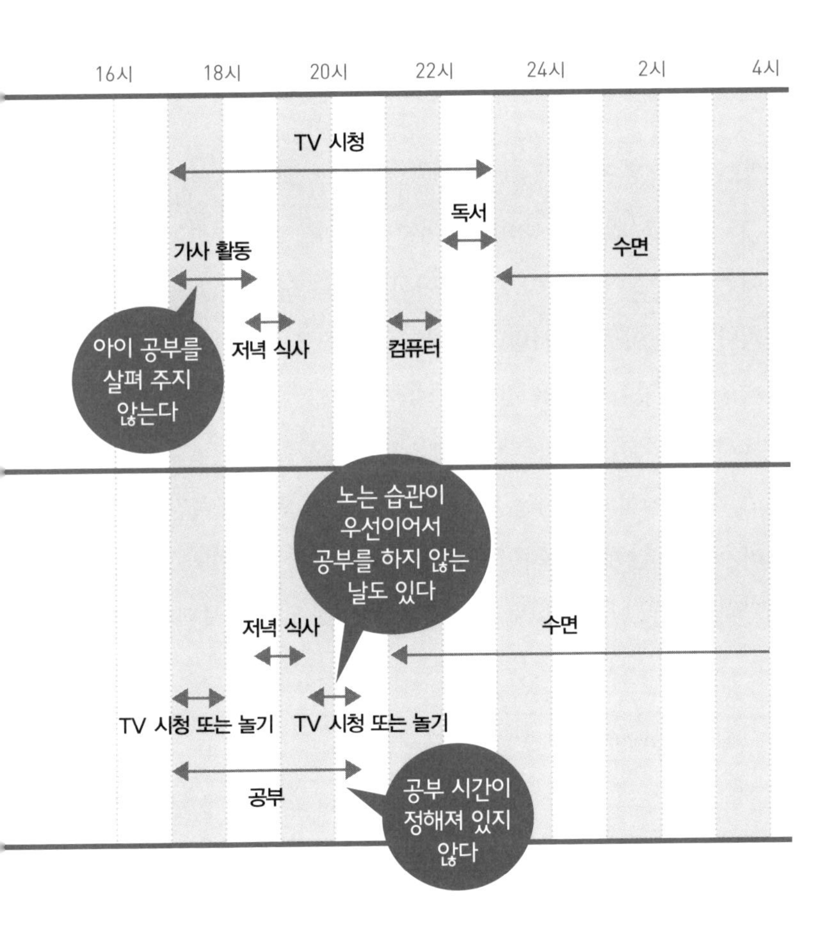

'공부 잘하는 아이' 와 '공부 못하는 아이' 의 시간표에 차이가 있음을 발견하셨을 겁니다. 더 자세한 내용은 본문에서 설명하겠지만, 여기에서 강조하고 싶은 것은 부모와 아이가 같은 시간을 보내는 것이 중요하다는 것입니다. 그리고 가능하다면 스포츠 코치가 선수를 지도하듯이, 곁에 있는 어머니가 아이를 격려하며 바르게 지도해 주셨으면 합니다.

"네가 제대로 하지 않으니까!"

"TV만 보고 있으니 성적이 떨어지는 거야."

이런 식으로 아무리 꾸짖어도 아이의 실력은 늘지 않습니다. 꾸지람 듣는 아이도, 사랑하는 아이를 꾸짖을 수밖에 없는 어머니도 틀림없이 괴로울 것입니다.

그러니 질책을 하기보다 부모님 자신의 생활습관을 재점검하고, 이 책에서 제시하는 '공부 잘하는 아이' 의 황금시간표에 따라 아이와 함께 규칙적인 생활 익히기를 시작해 보십시오.

그것은 지금 바로 시작할 수 있습니다. 당장 실행해 보실까요.

chapter 1

10세 전,
부모의 필수 코스 3가지

❶ 아이와 같은 라이프사이클 유지

'공부 잘하는 아이'와 '공부 못하는 아이'의 시간표를 비교해 보았습니다.

시간표의 '풍선글' 코멘트에서 알 수 있듯이, 공부를 잘하지 못하는 아이의 시간표는 TV 시청 등으로 흘려보내는 시간이 많지만, 공부 잘하는 아이의 시간표는 TV 시청 시간, 식사 시간 또는 공부 시간이 분명하게 나누어져 있습니다. 앞에 제시된 시간표를 통해 두 그룹이 시간 관리를 분명히 다르게 하고 있음을 알 수 있습니다.

우리가 주시해야 할 부분은, 그렇게 서로 다른 시간표에서, 부모와 아이가 동일한 라이프사이클을 유지하는 부분이 있느냐 하는 것입니다.

왜 그럴까요?

부모는 흔히 자녀가 자신의 언행을 무심코 지나칠 거라고 생각하겠지만, 사실은 그렇지 않습니다. 아이들은 부모를 유심히 관찰하여 그 말과 행동 하나하나를 머리에 입력하고 있습니다. 그래서 부모가 생각하기에 도저히 알아챌 수 없었을 거라고 생각하는 것까지도 아이들은 놀라울 정도로 기억합니다.

사실 인간이 사회적 동물이라는 사실을 상기한다면, 그러한 아이들의 모습은 크게 놀랍지 않습니다. 독자적 생존 능력이 없는 아이에게 부모란 생존에 절대적으로 필요한 모든 것을 공급해 주는, 마치 작은 사회의 절대 군주와 같은 존재입니다. 그러니 아이가 절대 군주와 같은 부모의 마음에 들기 위해 일거수일투족을 놓치지 않고 지켜본다는 것은 너무도 당연하겠지요. 그러한 관찰을 통해 절대 군주를 만족시킬 수 있는 손쉬운 방법을 모색하는 것 또한 본능적 행태로 볼 수 있습니다.

'부모의 행동 모방하기'는 아이들이 그러한 과정을 거치면서 찾아낸 방법일 것입니다. 자신이 절대 군주와 똑같은 행동을 한다면 싫어하지 않을 거라는 판단을 했겠지요. 그런 판단에 다다른 아이들에게 가장 곤란한 것은, 부모의 행동과 말에서 불일치를 보이는 상황에 부딪치게 되는 일일 것입니다.

구체적인 예를 하나 들겠습니다.

아이에게 "TV를 보지 말고 공부하라."고 말하면서, 어머니는 TV를 시청하는 상황입니다. 가정에서 흔히 볼 수 있는 모습이지요. 어머니는 아이 홀로 공부를 하는 그 시간에 어머니의 지도 · 감독이 필요 없을 것이라는 생각에서, 그리고 그동안 어머니도 휴식을 취한다는 생각에서 편안하게 TV를 볼 수 있습니다. 그런데 어머니가 무심코 만든 그 상황을 보며 아이들은 전혀 다른 생각, 즉 '어머니가 TV를 보니까, 나도 봐도 될 거야.' 라고 생각할 수 있습니다.

그리고 그런 생각이 들면, 어머니가 TV를 시청하는 동안 아이 또한 책상에 앉아서도 공부에 집중을 하지 못하고 TV로 신경이 분산되는 시간을 보내게 됩니다.

공부를 잘 못하는 아이의 시간표에서 확인할 수 있듯이—부모가 뒤늦게 각성한다 하여도—아이의 생활습관은, 부모의 의지와는 관계없이, 어머니의 생활처럼 밤늦도록 잠들지 않고 TV를 보며 시간을 흘려보내는 방향으로 자리 잡아 버립니다.

❷ 규칙적인 생활습관과 지구력을 키우는 프로코칭으로 공부의 기초 체력 갖춰 주기

스포츠 선수들은 대회가 가까워지면 코치와 함께 합숙을 합니다. 코치는 합숙 생활을 하며 선수의 일상생활을 컨트롤하고, 선수의 몸 상태를 관리합니다. 그러한 특별 관리는 선수의 능력 신장으로 연결되는 중요한 프로그램입니다. 달리기, 근력 트레이닝뿐만 아니라 일상생활을 함께하며 생활습관을 관리해 줌으로써 더욱 강한 선수로 키울 수 있기 때문입니다.

잠시 마라톤을 생각해 볼까요. 42.195km라는 장거리를 달리는 마라톤에서 초반에 선두 집단에 들지 못한다면 1위로 골인하기가 매우 어렵다고 합니다. 후반에 충분히 만회할 수 있을 거라는 생각을 할 수도 있겠지만, 실제 마라톤에서 그런 경우는 극히 드물다고 합니다. 따라서 마라톤 훈련을 하는 선수에게는 10km 지점에 이르기 전에 선두 집단에 파고들 만한 '기초 체력' 을 갖추는 것이 무엇보다 중요하다고 합니다.

마라톤 10km 지점까지 선두 집단으로 달리게 된다면, 그 뒤로는 집단에 어우러져 선두를 유지하여 달릴 수 있기 때문입니다.

이 원리는 '공부 잘하는 아이' 의 양육 방법에 그대로 적용할 수 있습니다. 아이가 10살을 맞을 때까지 코치를 하여 공부의 기초 체력을 붙여 준다면, 그 후로는 공부 잘하는 친구들이 서로 끌어 주어 학습 능력을 계속 높여 갈 가능성이 큽니다.

그렇다고 처음부터 코칭의 강도를 높여, 질주를 가속화시키려는 입장도 있을 수 있는데…… 결말을 굳이 말할 필요가 없을 것입니다.

기초 체력이 없는 아이를 지나치게 채근하여 1등으로 질주하게 한다면, 끝까지 달리지 못하고 도중에 기권할 수밖에 없는 상황을 맞을 수도 있습니다. 그러니 선두 집단에 들어갈 수 있을 정도의 기초 체력을 길러 주고, 그 후 선두 집단과 함께 완주할 수 있을 만한 '지구력'을 키워 주는 것이 코치에게 주어진 중요한 역할이겠지요.

마찬가지로 공부에서도 우선 '공부 잘하는 아이'들의 집단에서 계속 함께 학습할 수 있을 만한 지구력을 어려서부터 키워 주는 것이 코치로서의 부모 역할일 것입니다.

처음에 선두 집단에 들어가지 못하다가, 어느 날 갑자기 공부를 잘하기란 너무 힘이 듭니다. 학습 능력이 뒤처진 집단과 함께 어울리다 보면 오늘 하루쯤은 괜찮겠지 하는 나쁜 습관에 빠질 수도 있습니다. 또 주변에 함께하는 사람이 없이, 홀로 정진하기를 기대하기에는 인간이 그리 강하지도 못합니다. 인간은 외돌토리로 홀로 노력하기보다는 편하고 쉽게 갈 수 있는 방향으로 흘러가기 쉬운 존재입니다.

아이는 서로 이끌어 주는 집단 속에서 더욱 능력을 향상시킬 수 있을 뿐 아니라 선두 집단의 리듬을 파악하여 '공부의 지구력'을 더욱 높일 수 있습니다.

❸ 학습 자존감 싹틔우기

그뿐만 아니라 10세가 되기 전에 '나는 공부를 잘한다.' 는 자부심, 학습 자존감을 경험하게 되면, 그 이후로는 학습 자존감을 훼손당하지 않고 계속 유지하기 위해 자기 스스로 더 많은 노력을 기울이게 됩니다.

이것은 유명 출판사의 의뢰에 의해 '공부 잘하는 아이에 대한 연구' 를 수행하면서 밝혀진 사실입니다. 초등학생, 중학생, 고등학생을 대상으로 아이들이 어느 단계에서 공부를 잘하게 되었는가를 조사한 결과, 공부를 잘하는 아이들은 초등학교 4~5학년 때 스스로 '공부를 잘한다는 자각' , 학습 자존감이 생겼다는 것을 알 수 있었습니다.

그러면 '공부를 잘한다.' 고 자각한 아이들은 그들 스스로 공부를 좋아한다고 생각할까요? 흔히 공부 잘하는 아이들은 분명 공부를 좋아할 것이라고 생각하겠죠. 하지만 그렇지 않았습니다. 조사해 보니 공부를 잘하는 아이들이라고 해도 공부를 좋아한다는 결론을 내릴 수 없었습니다.

그렇다면 이 아이들은 공부를 좋아하지 않았는 데도 어떻게 공부를 잘하게 되었을까요. 그 아이들 마음속에는, '공부 잘하는 아이' 라는 자신의 입장, 즉 학습 자존감이 분명하게 확립되어 있었던 것입니다.

공부 잘하는 아이들은 이미 자기 자신이 공부를 잘한다는 생각을 가지고 있습니다. 그리고 자기 주변에 있는 모든 사람들, 즉 아이의 어머니 및 가족들, 친구들, 선생님에게 자신이 공부 잘하는 아이로 알려져 있다는 사실을 잘 인식하고 있습니다.

상상해 보십시오. 이러한 상황 인식을 하는 아이가 현실적으로 가장 염려하는 것은 무엇일까요. 아마도 아이를 가장 긴장시키는 것은 지금까지 힘들게 쌓아 온 '공부 잘하는 아이'라는 그 포지션이 무너지는 것이겠지요. 공부를 잘한다는 높은 포지션, 자신의 프라이드가 훼손되지 않을까 매우 두려워합니다. '공부를 잘한다고 계속 인정받고 싶다.'는 그 마음이 공부를 좋아하지 않으면서도 계속 공부할 수 있게 동기를 불러일으킵니다.

그래도 의문은 남지요. 공부를 좋아하지 않았던 아이들이 어떻게 공부를 시작하여 높은 성과를 거두었을까 하는 것입니다. 분명히 어느 정도는 누군가에 의해 공부하도록 강제(?)당하였던 단계가 있었을 것입니다. 바로 아이의 코치인 어머니들에 의해서입니다.

새삼 언급할 필요도 없겠지만, 자녀가 공부를 잘하게 되기를 바라는 것은 세상 모든 어머니들의 바람이겠지요. 그런데 왜 어떤 아이는 공부를 잘하고 어떤 아이는 공부를 잘 못할까요?

그것은 '내 아이가 공부 잘하는 아이가 되기를 바라는 마음'

을 실현시키기 위해 어머니가 얼마나 현실에서 노력하느냐에 의해 좌우되는 것 같습니다.

처음 공부를 시킬 때면, 아이들 대부분은 공부를 하지 않기 위해 많은 구실을 찾아내는 모습을 보입니다.

"한 게임만 하고 할게."

"다른 일을 해야 해."

"잠깐만 TV를 보고 싶어."

"친구들과 놀러 가고 싶어."

등등.

어머니가 이러한 상황을 맞으면, 사랑하는 자녀에게 하기 싫다는 공부를 계속 강요하기가 참으로 고통스러울 것입니다. 그러다 보니 어머니 스스로 타협하는 모습들도 보입니다.

"아이를 자유롭고 여유롭게 키우고 싶다."

"자기 주변을 둘러보고 사유하여 성찰할 수 있는 인간이 먼저 되기를 바란다."

"아이의 자주성에 맡기고 싶다."

등등.

혹시 이 글을 읽고 계신 어머니도 아이를 위한다는 생각에서 아이의 요구에 마냥 손을 들어 주고 계시지는 않습니까? 뿐만 아니라 자신도 모르는 사이에 이런 변명에 익숙해지고 있지는 않으신지요.

아이도 어머니도 "내일부터 해도 괜찮아."라고 말하며 '공부 잘하는 아이'의 길에서 멀어져 가고 있지는 않나요?

훌륭한 코치가 되려면 더 이상 변명을 허용해서는 안 됩니다. 초등학교 저학년에 '공부를 잘한다'는 자각이 싹트게 하려면, 아이가 학습 자존감을 가지게 될 때까지 어머니 자신부터 이러한 변명을 봉인합시다.

그리고 황금시간표로 생활습관을 바로잡아, 아이들을 일찍 선두 집단에 넣어 줄 수 있는 명코치가 됩시다!

그럼 먼저 현재 어머니의 명코치로서의 점수는 어느 정도인지 확인해 볼까요. 다음 장에 나오는 질문을 통해 스스로 체크해 보시기 바랍니다. 결과가 나쁘게 나오더라도 실망하지 마십시오. 이 책에 명코치의 길이 제시되어 있으니까요!

아이에 대한 관심도와 아이의 학습 능력도는 비례한다

아래 데이터를 보면 '공부 잘하는 아이'의 어머니는 일찍부터 아이에게 관심을 기울이고 싶어 하는 정도가 아주 높다는 것을 알 수 있습니다. 그러나 아이가 성장할수록 공부를 '잘하는 아이'든, '잘하지 못하는 아이'든 관계없이 부모의 관심이 줄어드는 경향을 볼 수 있습니다.

● **아이에 관한 모든 것에 관심을 갖고 싶어 한다**

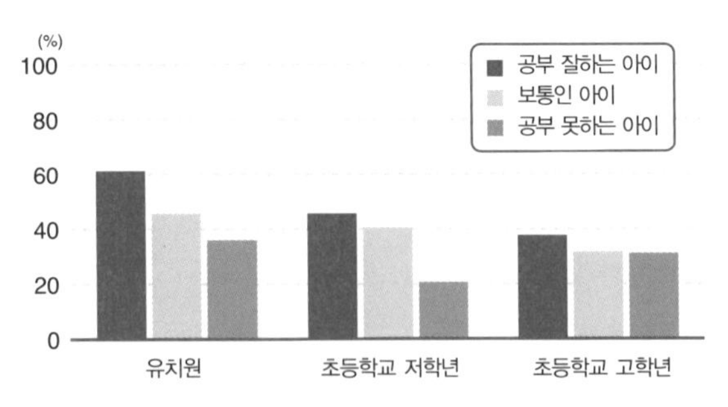

• '엄마와 아이의 리얼 데이터'는 수도권에 사는 '유치원부터 초등학교 6학년까지' 아이들의 어머니(2,347명)를 대상으로 실시한 WEB 조사(2008년 4월) 결과를 바탕으로 작성.

chapter 2

명코치도 체크!
나는 어떤 코칭 타입일까?

● 명코치도를 체크하는 24가지 질문

아래 질문을 깊이 생각하지 말고, 가벼운 마음으로 체크해 보세요.
(예, 아니오 어느 한쪽에 O표 하는 방식으로)

| 어머니(또는 아버지) 자신에 관한 질문 |

Q01	계획된 일을 일정보다 앞당겨 마무리하는 편이다.	예( ) 아니오( )
Q02	계획을 세워 일을 진행시키는 것에 자신 있다.	예( ) 아니오( )
Q03	아침 식사는 항상 정해진 시간에 한다.	예( ) 아니오( )
Q04	TV 앞에 하염없이 앉아 시간을 흘려보내는 때가 많다.	예( ) 아니오( )
Q05	1일 시간표가 거의 결정되어 있다.	예( ) 아니오( )
Q06	시간에 엄격한 편이다.	예( ) 아니오( )
Q07	일을 할 때 순서를 정해서 처리하는 편이다.	예( ) 아니오( )
Q08	귀가 시간이 엄격한 가정에서 자랐다.	예( ) 아니오( )
Q09	스스로 엄격하게 예의범절을 익혔다고 생각한다.	예( ) 아니오( )
Q10	TV 시청 시간을 정해 둔다.	예( ) 아니오( )
Q11	잠자리에 드는 시간이 일정하게 정해져 있다.	예( ) 아니오( )
Q12	어린 시절 방학 숙제를 계획한 대로 꾸준히 하였다.	예( ) 아니오( )
Q13	'오늘 할 일 목록' 등을 만들어 행동을 관리한다.	예( ) 아니오( )
Q14	계획을 세워도 예정대로 되지 않을 때가 많다.	예( ) 아니오( )

| 아이에 관련된 질문 |

- Q15 아이에게 자주 집안일을 돕도록 한다. 예( ) 아니오( )
- Q16 아이의 가정 학습(유아 학습도 포함)을 옆에서 봐 준다. 예( ) 아니오( )
- Q17 아이가 밤늦도록 잠을 자지 않을 때면 엄하게 대처한다. 예( ) 아니오( )
- Q18 아이의 TV 시청 시간을 제한한다. 예( ) 아니오( )
- Q19 아이가 가정 학습(유아 학습도 포함)을 하는 시간에는 부모도 TV를 보지 않는다. 예( ) 아니오( )
- Q20 여행을 하는 동안에도 거르지 않고 아이에게 학습(유아 학습도 포함)하도록 한다. 예( ) 아니오( )
- Q21 아이가 거실에서 학습(유아 학습도 포함)하도록 한다. 예( ) 아니오( )
- Q22 아이가 시간을 질질 끌며 TV를 보는 때가 많다. 예( ) 아니오( )
- Q23 어릴 때 책을 읽어 주었다. 예( ) 아니오( )
- Q24 "몇 시까지 OO를 해야 한다."라고 인식시켜 아이에게 시간 관념을 키워 준다. 예( ) 아니오( )

● 어떤 코칭 타입인지 체크해 봅시다

| 체크 테스트의 진행 방법 |

① 점수표의 5개 항목에서 얻은 수치를 더하여 계산한다

p.41의 점수표에서 '예'라고 답한 경우에만 질문의 번호 옆에 나란히 쓰인 수치에 ○표를 하고, 생활 리듬, TV 시청, 시간 제한, 일의 순서 · 계획, 행동 관리의 개별 항목마다 세로로 합계점을 계산한다.

② YES · NO에 따라서 차트식 테스트를 진행한다

p.42의 판별 차트 첫째 항목에서부터 YES · NO를 따라가며, 자신이 어떠한 성향이 강한 어머니인지를 판정한다.

● 이 테스트는 MMN 회사에서 독자적으로 개발한 인간 행동 특성 모델, 즉 'G 감성 마케팅'이라는 방법을 사용한 간단한 체크 테스트입니다. 이 테스트로 공부 잘하는 아이로 기를 수 있는 어머니로서의 코칭 성향이 어느 정도인지를 대강 확인할 수 있습니다.

| 점수표 |

설문 번호	생활 리듬 ⓐ	TV 시청 ⓑ	시간 제한 ⓒ	일의 순서·계획 ⓓ	행동 관리 ⓔ
Q01				1	
Q02				1	
Q03	1			1	
Q04		−1			
Q05	2				
Q06				1	
Q07				1	
Q08				1	
Q09				1	
Q10					1
Q11	1				
Q12				1	
Q13					4
Q14		−3		1	
Q15			1		
Q16					2
Q17				−1	
Q18				3	
Q19				2	
Q20				1	5
Q21	1				
Q22		−4		1	
Q23	3			1	
Q24			1	1	
합계					

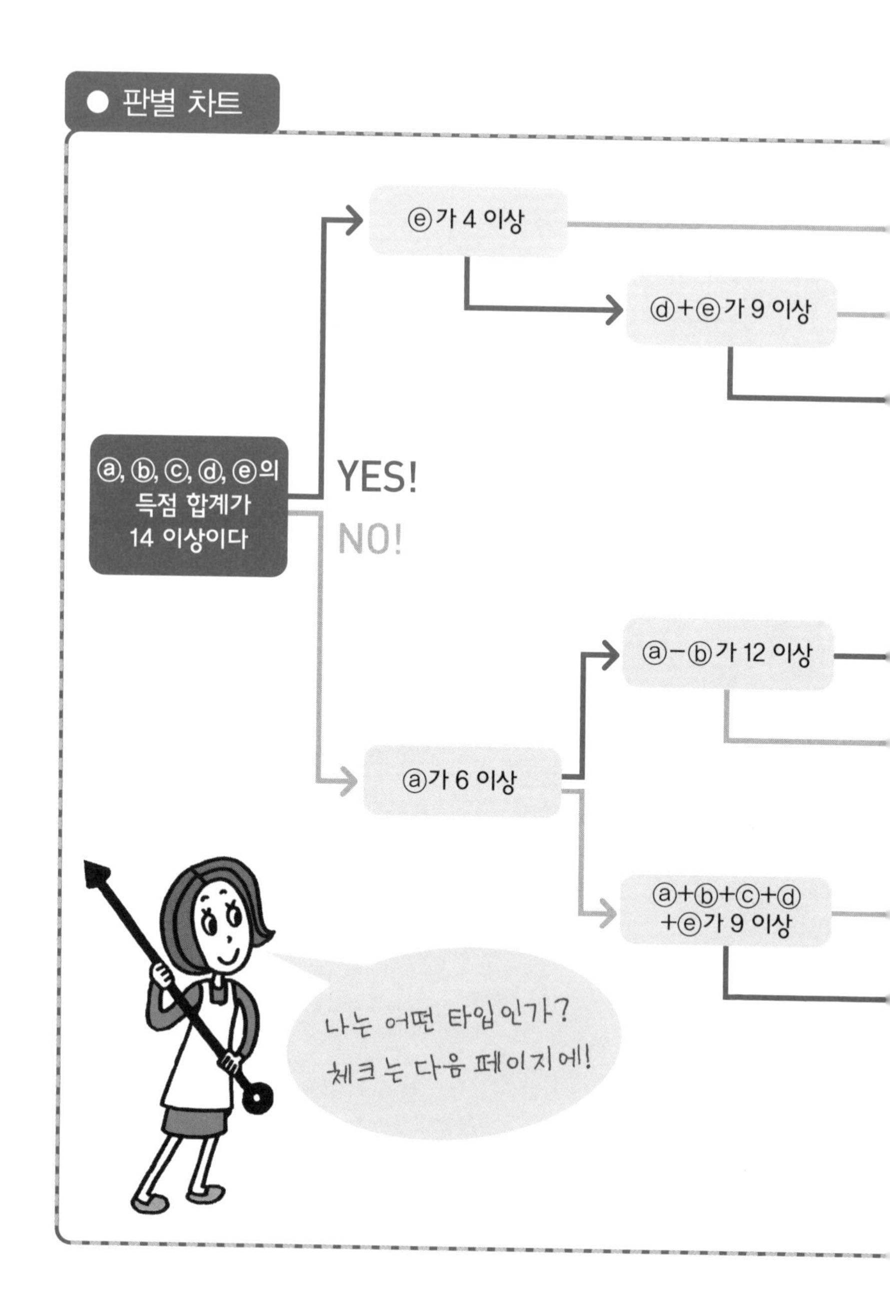
판별 차트
ⓔ가 4 이상
ⓓ+ⓔ가 9 이상
ⓐ, ⓑ, ⓒ, ⓓ, ⓔ의 득점 합계가 14 이상이다
YES!
NO!
ⓐ－ⓑ가 12 이상
ⓐ가 6 이상
ⓐ+ⓑ+ⓒ+ⓓ +ⓔ가 9 이상
나는 어떤 타입인가?
체크는 다음 페이지에!

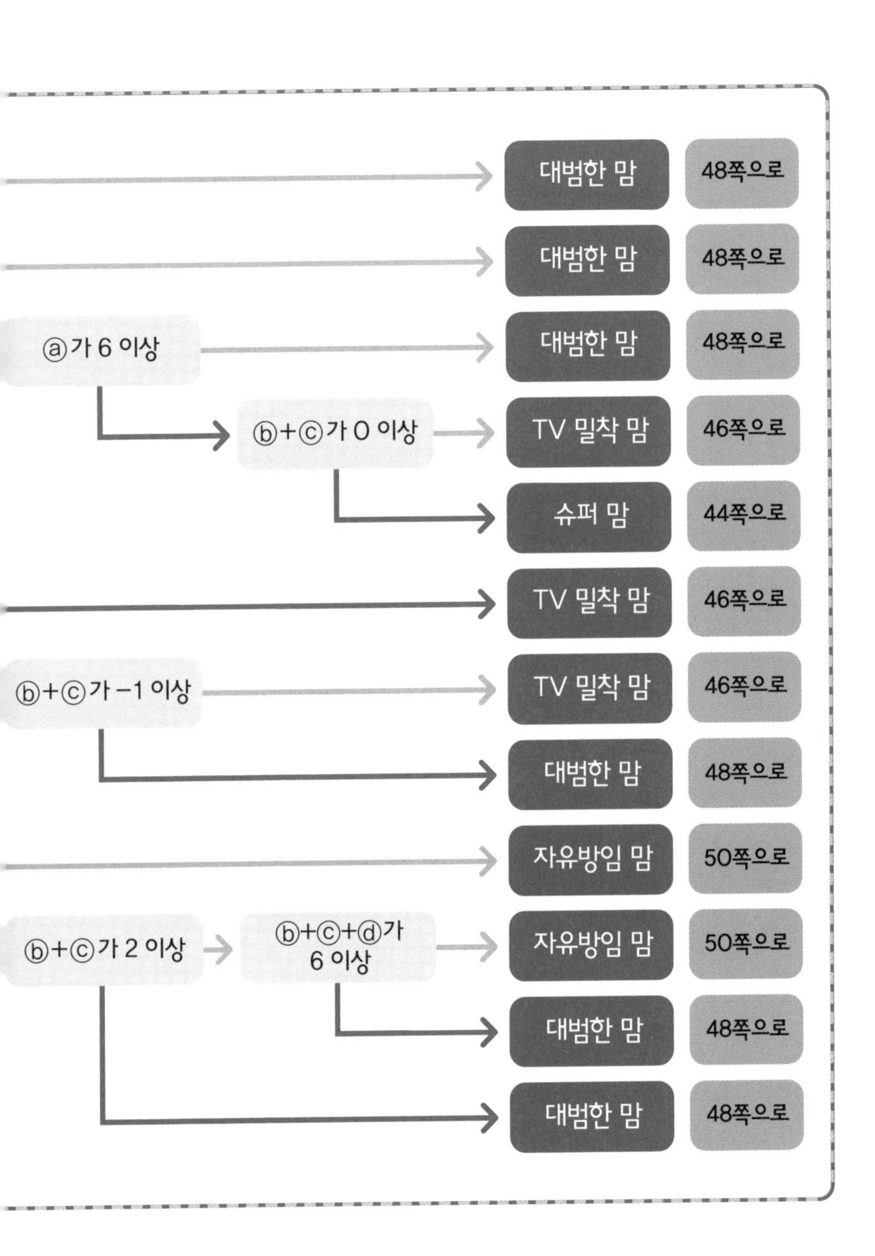
대범한 맘
48쪽으로
대범한 맘
48쪽으로
ⓐ가 6 이상
대범한 맘
48쪽으로
ⓑ+ⓒ가 0 이상
TV 밀착 맘
46쪽으로
슈퍼 맘
44쪽으로
TV 밀착 맘
46쪽으로
ⓑ+ⓒ가 −1 이상
TV 밀착 맘
46쪽으로
대범한 맘
48쪽으로
자유방임 맘
50쪽으로
ⓑ+ⓒ가 2 이상
ⓑ+ⓒ+ⓓ가 6 이상
자유방임 맘
50쪽으로
대범한 맘
48쪽으로
대범한 맘
48쪽으로

'공부 잘하는 아이'로 키울 수 있는 소질이 충분합니다!
지금 방식을 그대로 관철한다면 확실!

슈퍼 맘 (최고의 명코치)

여행을 가든, 집을 벗어나 어딘가에 가서 숙박을 하게 되든, 어떠한 일이 있어도 언제나 일정한 생활 리듬을 유지합니다. 휴 · 평일에 관계없이 기상 시간, 식사 시간을 매일 동일하게 규칙적으로 하여, 요일에 따라 생활 리듬을 깨뜨리는 일이 거의 없습니다. 예를 들어, 휴일 전날에도 아이가 평일과 다름없이 정해진 시간에 잠자리에 들도록 타이릅니다. 그러니 아이가 밤늦게까지 잠들지 않고 지내는 일이 거의 없습니다.

엄마와 아이 모두 TV는 매일 정해진 시간에 보기로 약속하여, 하릴없는 모습으로 시간을 끌어 가며 TV 시청을 하지 않을 뿐만 아니라 TV를 보며 가사를 돌보는 모습도 보이지 않습니다. 이 스타일의 엄마들은 어쩌면 귀가 시간을 포함하여 일상에서도 철저한 시간 관념을 갖고 살아가도록 엄격한 가정 교육을 받고 자랐을지도 모릅니다.

그래서 자신의 자녀에게도 어릴 때부터 "몇 시까지 ○○을 해 보자." 하는 등, 시간을 의식하게 하는 가정 교육을 실행하는 것입니다. 예를 들어, 게임에 열중한 아이가 정해진 시간을 넘겨 조금 "더 놀고 싶다."며 간청을 하여도, 결코 처음에 정해 놓은 시간표를 깨뜨리지 않습니다.

그리고 이 스타일의 엄마들은 아이가 아주 어릴 때부터 책을 읽어서 들려줍니다. 그러다가 아이가 유치원에 들어가게 되면 유아 학습을, 초등학생이 되면 숙제나 공부를 아이 곁에서 꼼꼼하게 살피는 것은 물론이고 아이의 행동 관리에도 자상하게 마음을 씁니다.

특히 아이가 초등학교에 입학하면 "초등학생이 되었으니 당연히 공부해야 한다."는 신념에 따라, "아이가 공부를 할 때에는 TV를 보지 않는다.", "저녁 식사 전에 숙제를 마치게 한다."는 등의 생활 수칙을 철저하게 지킵니다. 아이에게 말로만 지적하는 방식이 아닌, 부모 자신이 실천하는 자세를 보이며 아이의 본보기가 되도록 행동합니다. 지속적으로 황금 시간표에 유사한 계획을 세워 휴일, 평일을 구분하지 않고 예외 없이, 매일 계획에 따라 규칙적으로 생활하는 특징을 보입니다.

이러한 슈퍼 맘의 아이들 대부분은 유치원과 초등학교, 중학교의 수험 생활을 거쳐 유명 사립 중학교에 진학하고 있습니다.

'~하면서' 생활이 몸에 밴 엄마, 아이도 '~하면서' 공부하는 스타일로

TV 밀착 맘 (TV를 멀리한다면 명코치)

정해진 시간에 아침 식사를 하는 등 기본적으로 규칙적인 생활 리듬을 유지합니다. 하지만 TV 시청 또한 절대로 포기하지 않습니다. 보고 싶은 방송 프로그램은 마음껏 보는 생활을 유지하지요.

자연스레 TV를 켜 둔 채 일상이 이루어지고, 자신도 모르게 아무 일도 하지 않고 TV에 몰입하여 많은 시간을 흘려보내는 상황이 자주 발생합니다. 그러다 보니 규칙적인 생활습관을 몸에 익히려는 시간표를 만들어 놓아도 TV 시청에 몰두하다가 계획을 저버리는 일이 반복됩니다.

결국 이 스타일의 엄마는 모든 생활 리듬이 TV 프로그램에 의해 좌우되는, 요컨대 TV 프로그램 시간대별로 나뉘어 진행된다는 특징을 보이지요.

그렇게 엄마가 TV를 보며 가사 처리를 하고, 아이가 공부하고 있을 때조차 전혀 신경쓰지 않고 TV 시청을 하니, 아이마저 자연스레 TV를 보며 공부하는 습관이 몸에 배게 됩니다.

그뿐만 아니라 아이가 친구들과 어울려 게임에 몰두하느라 계획

된 시간표를 무너뜨리는 생활을 하여도, 게임을 멈추게 한다거나 숙제나 공부를 하도록 강제하지 않습니다.

그게 아니라면 말로는 아이에게 "몇 시까지 ○○하세요."라는 등 엄격하게 시간을 정해 주의를 주지만, 그 뒤 무심코 TV 시청에 몰입하는 엄마의 모습이 아이로 하여금 말을 듣지 않게 만드는 것은 아닐까요?

이 타입의 엄마 가운데 공부에 관해서는 아이의 자주성에 맡긴다는 방임형도, 기숙 학원에 맡겨 두는 경우도 있습니다. 하지만 그런 엄마를 보고 자라는 아이는 자신도 모르는 사이에 공부 시간과 놀이 시간을 명확하게 구분하지 않는 습관을 갖고 성장하게 됩니다.

아이의 그런 모습을 보면서도 이 스타일의 엄마는 "그러다 스스로 알아서 공부하게 되겠지." 하고 낙관하며 아이에게 공부하도록 강제하려 들지 않습니다.

이런 스타일에 해당되는 엄마라면 우선 자신부터 변화해야 합니다. 시간표를 만들면서도 TV 등의 유혹에 굴복하여 계획을 매듭 짓지 못하는 생활 자세를 변화시키는 것이 우선 해결 과제입니다. 목표 달성을 위해 시간을 계획적으로 활용하여 꾸준히 노력하는, 목표 관리력을 몸에 익히도록 합시다.

계획성은 있으나, 그것을 지켜 내기 위한 엄격함이 약간 부족

대범한 맘 (엄격함을 유지하면 명코치)

식사나 목욕 시간 등이 정해져 있고 일상생활도 비교적 일정한 리듬을 유지하는 유형입니다. 아이나 엄마 자신이 해야 할 일은 계획을 세워 스케줄 장부나 캘린더에 기록해 두고 꼼꼼하게 관리하지요. 매일 결정되는 가사 등은 단시간에 처리할 수 있도록 효율적으로 움직입니다.

TV도 ○○시에서 ○○시까지 정해진 시간에만 시청하고 꺼 두거나, 식사 시간에만 본다거나 하여 무계획적으로 하릴없이 TV에 시간을 빼앗기지 않도록 합니다.

그렇기 때문에 아이에게도 TV 시청을 제한적으로 허용하고, 시청 시간대 또한 미리 정하여 그것을 철저하게 지키도록 합니다.

하지만 대범한 스타일의 엄마는 공부 등 일상생활을 미리 계획하여 실행하도록 꼼꼼히 체크하면서도, 막상 아이가 계획된 공부를 하지 않거나, 예정한 대로 생활하지 않아도 엄격한 태도를 취하지 못한다는 특징을 보입니다.

'하기 싫어하는데 억지로 시켜 봐야 별 소용이 없다.' 는 생각도

있어, 아이를 공부시키는 데 집착하여 엄격함을 유지하려는 스타일이 아닙니다.

대부분의 엄마들이 그렇지만, 특히 대범한 타입의 엄마는 아이가 즐거워하고 있을 때면 유쾌한 그 시간을 조금 더 즐기게 하고 싶다는 생각을 합니다. 그래서 아이가 친구들과 재미있게 놀고 있거나 게임에 열중하고 있을 때면, "공부해라!" 라는 등 아이가 싫어할 말을 하려고 하지 않습니다.

가정 학습을 할 때에도 기본적으로 아이의 옆에 있으려는 자세이지만, 아이가 문제를 풀고 있는지 아닌지, 어느 단계까지 스스로 할 수 있는지를 파악하지 않고, 그저 "몇 페이지까지 했니?" 라는 등 진행 상황만 체크하는 경우가 많은 듯합니다.

대범한 스타일의 엄마는 목표 관리력, 집중력 모두 적당히 갖추고 있습니다. 하지만 슈퍼 스타일의 엄마가 되기 위해서는 엄격함을 어느 정도 몸에 익혀야 한다는 생각입니다.

아이의 자립심을 믿고 자유롭게 키운다

자유방임 맘(생활을 바꾸어 본다면 명코치)

어릴 때 방학이 끝나 갈 즈음에야 숙제를 허둥지둥 몰아서 했던 기억이 쉽게 떠오르는 엄마라면, 이 유형에 해당될 것입니다. 계획된 일을 규칙적으로 처리하기보다는 막다른 순간에 이르러서야 몰아서 한꺼번에 마무리하는 경향이 있지요.

어린 시절 그런 습관들이 굳어져서 성인이 된 지금도 계획한 대로 일처리를 해 나가는 것에 서툽니다. 시간에 구속되지 않고 자유롭게 살아가고 싶다는 바람도 크게 작용하지요.

가족이 식사를 함께 하는 횟수도 많지 않고, 휴일 전날이면 엄마, 아이 모두 밤늦도록 잠들지 않고 있어, 그 다음 날 늦게까지 잠을 자는 경우가 많습니다. 그리고 집에 머무는 동안에는 줄곧 TV 앞에서 시간을 보냅니다. 1일 시간표를 만든다 하여도 계획대로 실행하는 날이 많지 않을 것입니다.

가정 학습은 아예 아이의 자율적 판단에 맡겨 버리고, 아이가 공부를 할 때에도 곁에서 지켜보지 않습니다.

"숙제는 다했니?"라고 묻는 경우도 있겠으나, 실제로 아이가 숙제,

공부를 하였는지 여부는 확인하지 않습니다. 이 스타일의 엄마를 둔 아이는 공부하기를 강요받는 일이 전혀 없어, 스스로 학습 의욕을 내지 않는 한 언제까지라도 공부를 하지 않고 지낼 수 있게 되지요. 그러다 보니 공부를 하는 날과 하지 않는 날이 고르지 않을 것입니다. 어쩌다 책상 앞에 앉더라도 차분히 집중하지 못하고, 이내 싫증을 내어 자리를 박차고 일어나는 경향이 있습니다.

요컨대 이 타입의 엄마는 슈퍼 맘으로 변신하기가 가장 힘든 스타일입니다. 엄마가 변화하지 않는다면 아이의 변화를 기대할 수 없겠지요? 먼저 엄마의 생활 리듬을 바꾸는 것으로 시작해 보세요. 실천 가능한 시간표를 만들고, 서서히 규칙적인 생활습관을 몸에 붙여 가며 집중력을 조금씩 높여 갑시다.

아이와 함께 책을 읽자

정서를 함양하고 국어 능력을 기르는 데 책읽기만큼 좋은 것이 없다는 이야기는 굳이 강조하지 않아도 익히 아실 겁니다. 아래 그래프의 결과를 보더라도 어려서 책 읽어 주는 시간을 경험했느냐, 그렇지 않으냐에 의해 유치원부터 초등학교 저학년, 고학년 학생에 이르기까지 학습 능력의 차이가 생기는 것 같습니다.

● 어려서부터 책을 읽어서 들려 주었다

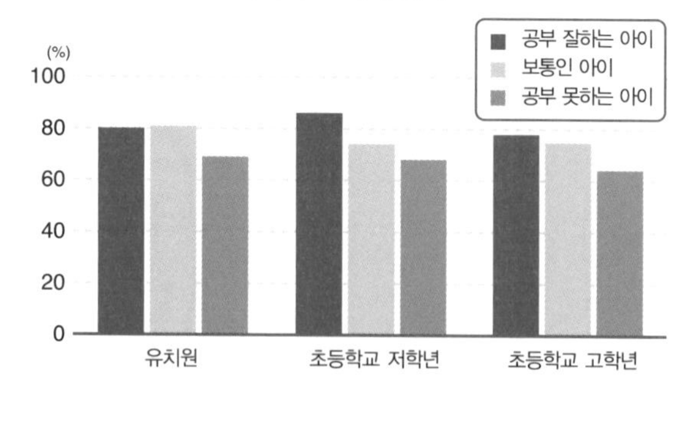

chapter 3

목표 관리력을 키워 주는 생활습관

성공한 사례를 한 가지라도 따라 해 보자

'공부 잘하는 아이', 학습 능력이 뛰어난 아이로 키우기 위해서, 아이가 어릴 때부터 어머니가 명코치로 활약하여야 한다는 사실을 이야기하였습니다. 그리고 명코치도 체크를 통하여 어머니 스스로 명코치의 반열에 들어서 있는지, 아니면 명코치와는 다소 거리감이 있는지를 확인하셨을 것입니다. 하지만 그 결과가 어떻든 괜찮습니다. '공부 잘하는, 학습 능력이 뛰어난 아이' 로 키우고 싶다는 의지를 가진 어머니라면 누구라도 반드시 명코치가 될 수 있을 테니까요.

'공부 잘하는 아이' 의 시간표를 통해 바로 확인할 수 있는 중요한 사실은, 어머니와 아이가 같은 생활 패턴을 유지한다는 것입니다. 어머니가 아이의 동반 주자가 되어 함께 생활하고 있다는 것이지요. 어쩌면 이런 사실 앞에서 아이들과 함께 생활할 수 없는 워킹맘들이 당황하실지도 모르겠습니다. 그렇다고 하더라도 충분히 명코치가 될 수 있다고 말씀드리고 싶습니다. 아이와 함께 많은 시간을 나눌 수는 없겠지만, 적어도 집에 있는 동안만이라도 아이가 TV를 보거나 게임을 하도록 내버려 두지 않고, 아이와 생활 패턴을 함께한다면 충분히 명코치가 될 수 있습니다.

직장에서 돌아온 뒤에 아이가 잠잘 때까지 그저 몇 시간이라도 (비록 잠깐 동안만일지라도) TV를 끄고, 아이 옆에 앉아 숙제하는 것을 보아 주거나 책을 읽어 들려 주거나, 함께 문제를 풀어 봅니다. 그렇게 주어진 환경에서 우선 가능한 것부터 시작하면 됩니다.

이제부터 소개되는 '공부 잘하는 아이를 키운 어머니의 성공 사례'를 모두 실행하기 어려운 어머니도 계실 것입니다. 그렇다고 낙담하지 마세요.

성공 사례 가운데 현재 어머니가 놓인 환경에서 실행 가능한 어느 하나라도 따라 하며 어머니 스스로 변화된 모습을 보여 준다면, 부모에게서 관찰의 시선을 떼지 않고 있던 아이의 행동도 반드시 변화될 것입니다.

"낮 동안에 함께 있어 주지 못했으니까, 밤에 잠깐이라도 내 앞에서 자유롭게 행동할 수 있게 내버려 두고 싶다."는 생각은 진정으로 아이를 위하는 길이 아닙니다. 너무 냉정할진 몰라도, 그저 어머니의 변명이고 자기 위안이지요. 아이에게는 낮 동안 함께할 수 없었던 어머니가 밤에 무엇인가를 자신과 함께 하고 있다는 사실만으로도 커다란 기쁨이 됩니다. 더러는 회사에서 지쳐 귀가했는데 '고생스럽다!' 는 생각도 들겠지만, 그 고생 또한 아이가 10세가 될 때까지만입니다. 그때까지 명코치로 서서 아이가 선두 그룹에 끼어드는 데 필요한 학습의 기초 체력을 갖출 수 있도록 뒷바라지를 해 주십시오.

'공부 잘하는 아이'가 갖춘 '목표 관리 시스템'

'학습 능력이 뛰어난 아이' 와 '학습 능력이 떨어지는 아이'의 특징은 시험을 눈앞에 둔 대학생의 예를 관찰하면서 확인할 수 있습니다.

시험 한 달 전, 시험은 한 달 동안에 약 100페이지 분량의 책을 외우는 것이었습니다.

시험에 합격한 학생이 가장 먼저 한 일은 하루에 암기해야 할 분량을 나누어 계획을 세우는 것이었습니다. 시험 일시와 시험 범위가 결정되자, 먼저 하루 공부해야 할 분량을 정하고, 그 계획대로 공부를 합니다. 그리고 한 달이 지났을 때, 100페이지 암기를 분명히 마치고 합격의 결과를 거둘 것입니다.

그런 반면에 합격하지 못한 학생은 그러한 계획을 생각조차 하지 않는 것 같았습니다. 실제로 2, 3일이 경과된 후 어떻게 하고 있는가를 물어보면, 너무도 태연하게 "걱정할 것 없습니다."라고 대답합니다. 스스로 괜찮다고 자신하는 모습에 염려하지 않고 내버려 두었다가, 2주가 지났을 즈음 다시 "벌써 보름이나 지났는데 그다지 대비하고 있지 않은 것 같아 염려가 되는데 괜찮을까?" 하고 물어보면, "괜찮아요. 아직 보름이나 남아 있는데요."라는 대답만 합니다. 이 시점에 이르면 100페이지 가운데 적어도 50페이지 정도는 끝냈어야 합격 가능성이 있을 텐데, 참으로 여유 있는 태도입니다.

그런데 그렇게 여유를 부리던 아이가 시험을 한 주 정도 남겨 놓고서야, 자신이 합격할 수 없다는 것을 알아차립니다. 그 순간 너무도 간단히 "이제 틀렸다."고 단념하는 모습을 보입니다.

그럼 이 두 유형을 가르는 차이는 어디에서 비롯되었을까요?

그것은 아이가 어렸을 때, 부모에게 '목표 관리 시스템'이라는 소프트웨어를 인스톨 받았는지의 여부입니다.

목표 관리란 어떤 목표가 구체적으로 설정되었을 때, 그 목표를 달성하기 위해 요구되는 학습 분량을 시간 또는 1일 단위로 계획하고 실천해 나가는 것입니다. 아주 어려서 이 시스템이 인스톨되어 있는 사람은 추구하는 목표를 달성할 가능성이 아주 높습니다.

결국 어머니가 명코치가 될 수 있느냐 여부는 아이에게 목표 관리력을 어떻게 심어 줄 수 있느냐에 달려 있다고도 할 수 있습니다.

여기 누구라도 쉽게 따라 할 수 있는 성공 사례를 소개합니다. 어려서 목표 관리 체계를 익히도록 코칭하여, 목표했던 사립 초등학교나 중학교에 아이를 합격시킨 어머니들을 인터뷰하고 설문 조사한 내용입니다.

01 평범한 생활습관이 아이의 시간 관리 능력을 키워 준다

식사, 목욕, 잠 등 사소한 일상을 유치원에 들어가기 전부터 규칙적으로!

_ 사립 초등 학교 수험생 A양과 어머니

어려서부터 1일 시간표를 만들어 주고, 저와 아이가 함께 지켜 가는 생활을 하였습니다. 여행을 떠난 날에도 가능한 한 시간표에 따른 생활을 유지하였습니다.

그러다가 아이가 초등학교에 진학하면서부터, "목욕은 언제 할까?", "30분 정도 여유 시간이 있는데 그동안 무엇을 할까?" 라고 아이에게 묻는 방식을 취하여, 아이 스스로 시간 관리를 할 수 있는 방향으로 유도하며 시간표에 따른 생활을 하도록 지도하였습니다.

Good case
할 수 있을까?
TV!
그렇구나.
다음은 목욕이네.
(여행지에서는)
이제 잠잘 시간이에요.
네에
계획을 세워 두니 즐겁네.
Bad case
빨리 자야지!
엥!
오늘까지만.
또?
네~. 오늘만. 괜찮지요?
공부는?
괜찮지요?
오늘은 휴일이니까.
오늘만.
항상 그랬잖아.
오늘 만이요.
오늘.

규칙적인 생활습관은 시간 관리력을 키우는 기초이다

아이가 초등학교에 입학도 하기 전, 그렇게 어려서부터 스스로 시간 관리를 잘하기를 기대할 수 없겠지요. 그래서 A양 사례처럼 어머니가 먼저 시간표를 만들어 주고, 어머니와 아이가 함께 그 시간표에 따라 생활하는 과정이 필요합니다.

이 과정에서 중요한 것은 가능한 한 예외를 만들지 않는다는 것입니다. 만약 많은 예외를 인정하게 되면, 아이가 일찍 자고 싶지 않은 날은 "오늘 하루는, 아니 오늘까지는 괜찮을 거야. 전에도 괜찮았는데……."라며 예외를 정당화하려는 습관을 갖게 됩니다.

하지만 적어도 아이가 유치원에 들어갈 때까지라도 예외를 만들지 않고 정해진 시간표에 따라 규칙적인 생활을 하도록 습관화시켜 준다면, 계획적인 생활에 고통보다 오히려 편안함을 느끼게 될 것입니다. 습관은 심리적 부담을 완화시키는 최선

의 방법이니까요. 이렇게 되면 목표 관리 시스템의 기초를 인스톨하는 데 어느 정도 성공한 것입니다!

그리고 아이가 초등학교에 입학하면, 이제 응용 소프트웨어를 인스톨해야 합니다. 이전까지 어머니가 만들어 주었던 시간표를 아이 스스로 꾸밀 수 있도록 유도해 보세요.

먼저 아이가 할 일을 몇 가지로 나누어 기본 시간표를 정해 주고, 그것을 바탕으로 하여 아이가 자신의 일에 필요한 세부적인 시간표를 짜서 시간을 스스로 관리할 수 있도록 해 주세요. 그것에 익숙해지면 과제를 받았을 때 필요한 시간을 역산하여 계획을 구상할 수도 있게 됩니다. 요컨대 과제가 주어졌을 때, 과제를 완수하기 위해 예정일까지 하루에 얼마만큼 과제를 처리해야 할지 스스로 계획할 수 있습니다.

이러한 능력을 기르게 되면, 시험 전날 벼락치기 공부를 하여 시험을 치르고, 그 뒤로는 공부한 모든 것을 까맣게 잊어버리는 것과 같은 아까운 에너지 낭비는 없어질 것입니다. 게다가 꾸준하게 공부를 해 나가는 아이로 성장해 갈 것입니다.

02 '공부'도 습관이 되면, 하지 않았을 때 심리적 불편함은 더욱 커진다

등교 전 5분 공부 습관!

_ 사립 초등 학교 수험생 F양과 어머니

유치원에 들어간 뒤부터 초등학교에 입학한 지금까지 매일 아침 등교 전, 반드시 5~10분 정도 한자나 산수 등 간단한 문제풀이를 시키고 있습니다. 처음에 정말 간단한 문제풀이로 시작을 하였더니 유치원생인 아이는 그것을 마치 공부가 아닌 퀴즈풀이 정도로 생각하며 즐거워하였습니다. 그러다 초등학교에 입학한 이후부터 학교 수업에 맞추어 교재를 공부하도록 하였습니다. 아이는 등교 전 문제풀이하기를 양치질과 같은 일상 습관으로 받아들인 것인지, 새삼 말하지 않아도 스스로 과제를 끄집어내어 집중하고 있습니다.

Good case
매일 엄마와 함께 해 볼까?
짜잔!!
좋아요!
258÷8
그러면 나머지는 얼마이지?
알아요!
1 2 3 4
네에-
엄마, 시간 됐어요.
습관이 되면 양치질처럼!

습관은 심리적 부담을 완화시키는 최선의 방법이다

대부분의 아이에게 공부는 고통스럽게 느껴질 거라는 말을 해 왔습니다. 그렇지만 그 고통 또한 완화시키는 방법이 있습니다. 어릴 때부터 공부를 습관화하여 '당연히 해야 할 것'으로 받아들이도록 하는 것입니다. 육상 선수들을 보십시오. 매일 규칙적으로 달리는 것이 습관화되어 있기 때문에, 훈련을 고통스럽게 여기지 않습니다. 그런데 만약 훈련 시간을 일정하게 하지 않고 기분에 따라서 불규칙적으로 훈련을 시킨다면, 선수들은 달리기 훈련 전에 '이거 힘들어 죽겠는데~.' 하는 기분이 앞설 수 있습니다. 하지만 그것도 매일 규칙적으로 하게 된다면 F양의 말대로 양치질을 하는 것처럼 당연히 해야 할 것으로 받아들이게 되지요. 습관화된 일을 할 때 심리적 부담과 괴로움은 줄어들 수 있습니다.

그리고 또 하나 중요한 사실은, 두뇌 훈련 또한 근육 훈련과

같다는 것입니다. 하루 게으름을 피우게 되면, 그 이전 두뇌 상태로 되돌아가기 위해 3일을 노력해야 합니다. 그러니 두뇌를 활성화시키기 위해서라도 매일 조금씩 공부하는 습관을 들여 끊임없이 두뇌에 자극을 주어야 합니다. 그렇게 하면 두뇌 활동을 위한 최상의 상태를 유지할 수 있습니다.

매일 아침이 아니어도 괜찮습니다. 학교에서 돌아와서 5분, 잠자기 전 5분 등. 하지만 반드시 매일 정해진 시간에 공부하는 습관을 갖도록 지도하여 주세요.

03 시각 감각을 익혀 주면 시간의 효율성은 높아진다

휴일도 평일과 같은 생활 리듬 유지!

_ 중학교 수험생 G군과 어머니

휴일에 점심 무렵까지 잠을 자는 습성이 붙지 않도록, 휴일 전날인 토요일에도 평일과 같은 취침 시간을 지키도록 하여 휴 · 평일 동일한 기상 시간을 습관 들였습니다. 그렇게 휴일이나 평일 구분 없이 동일한 생활 리듬을 유지하게 하였습니다. 심지어 여행을 하는 날에도 취침은 평상시와 똑같은 시간을 지키도록 하였습니다. 평소 예외를 거의 인정하지 않다 보니 생활 리듬이 깨지지 않아 여행을 가더라도 아이들 스스로 동일한 시간에 취침하게 됩니다.

Good case
평일에는 22:00에
잠을 자서
07:00에
일어난다.
휴일에도
마찬가지
여행을 간다고
달라질 것이 없지.
안녕히
주무세요.
Bad case
평일에는
22:00에
잠을 자서
08:00에
일어난다.
휴일 전날에는
TV 시청을 하며
자정(24:00)까지
잠을 자지 않는다.
휴일 아침에는
10:00
넘어까지
늦잠을 잔다.
아함~
졸려요

매일 동일한 생활 리듬을 유지하면 자연스레 시각 개념이 형성된다

매일 같은 시각에 같은 유형의 생활 패턴을 유지하다 보면 시각 개념은 자연스레 익혀지게 됩니다. "휴일이니까, 오늘만은 OK!"라는 예외를 인정하다 보면, 아이들은 머리로는 특별히 오늘만 예외를 인정받은 것이라고 이해하면서도, 평일조차 어떻게든 그 특별함을 만들기 위해 지혜를 짜내려 합니다.

아이는 어른들의 상상을 초월하는 관찰 능력으로, 아주 교묘하게 자신에게 유리한 포인트를 찾아내는 모습을 보여 줍니다. 아버지와 어머니의 얼굴 표정을 살펴 순식간에 누가 자신의 요구를 잘 들어 줄 것인지를 포착해 내는 놀라운 능력을 발휘합니다. 그러니 부모가 상호 협력하여 동일한 모티베이션으로 아이 교육에 관여해야 합니다.

G군의 경우, 토요일이나 평일을 동일한 시각으로 각인시켰다는 것. 그리고 여행지에서도 그 리듬을 깨지 않음으로써 아

이에게 시각 개념을 더욱 확고하게 인식시켰을 뿐만 아니라 아버지도 생활 규칙을 무너뜨리고자 하는 자신의 응석을 마냥 받아 주지 않을 것이라는 사실을 아이에게 받아들이게 하였다는 사실이 중요합니다.

04 계획에 대한 사전 리스트 작성, 사후 성취도 점검 습관으로 목표 관리력을 높여 준다

그날 할 일을 리스트로 작성, 하교 후 점검!

_ 사립 여자 중학교 수험생 K양과 어머니

매일 하루를 시작하면서 그날 꼭 해야 할 일이 무엇인지, 예를 들면 숙제, 예습, 복습, 욕실 청소 등을 아이 스스로 리스트를 작성하도록 하였습니다. 그리고 리스트를 작성한 용지를 책상 앞에 붙여 놓고 학교에서 돌아오면 그것을 먼저 확인하게 하였습니다.

이것이 습관이 되자 자신이 해야 할 일, 숙제를 스스로 솔선하여 하게 되었습니다.

Good case
아빠처럼 일정표를 짜 보렴.
네!
!
· 연습 문제
· 복습
· 그림 일기
· 예습
효율 UP
그 즈음해서 아빠도
좋아!
오늘의 외근
A사
C사
B사
B사
C사
A사
효율 UP

종이에 하루 일정 계획하여 작성하기, 그 자체로 자기 관리가 시작된다

종이에 하루 일정을 미리 계획하여 작성해 보는 것, 그것은 마치 회사원이 그날 자신이 처리해야 할 업무, 영업 사원이라면 그날 만나야 할 영업 대상을 문서로 작성하여 상사에게 제출하는 것과 같습니다. 어른도 아이도 자신의 일상을 계획하여 문서로 작성하면서 보다 효율적인 자기 관리가 가능하게 됩니다.

아이가 자주적으로 자신의 하루를 계획하여 문서 작성을 하다 보면 책임감도 훨씬 높아지게 됩니다.

매일 동일한 생활습관 등에 관하여 몇 번이고 꾸지람을 한다는 것은 아이에게도 어머니에게도 큰 부담이 될 것입니다. 그러한 부담을 줄이기 위해 권장하고 싶은 방법은 아이에게 자신의 스케줄을 스스로 짜서 문서로 작성하게 하고, 그 완수 여부를 확인시키는 것입니다. 효율성이 높을 것입니다.

05 책상에서의 시간 낭비 습성, 타이머로 집중도를 체크하여 바로잡는다

"몇 분에 끝마칠 수 있니?" 질문과 함께 타이머 세팅!

_ 도립 중고일관교(都立中高一貫校)* 수험생 H양과 어머니

어려서부터 게임을 좋아했던 아이는 내버려 두면 몇 시간이고 게임에 몰두합니다. 그래서 게임을 할 때마다 "몇 분에 끝마칠 수 있니?"라고 물어보고 타이머를 세팅하였습니다. 최장 30분까지 꼼꼼하게 10분, 15분 본인이 결정한 시간을 세팅하고, 타이머가 울리면 게임을 종료시키고 공부를 하게 하였습니다. 그렇게 시간 약속을 하고 게임을 하게 되면서부터 시간을 지체해 게임을 계속하던 아이의 나쁜 습관이 없어졌습니다.

* 중고일관교육교(中高一貫教育校 : ちゅうこういっかんきょういくこう) : 중학, 고교 6년간을 계속 배우는 학교로서, ① 한 학교에서 6년간 배우는 '중등 교육 학교', ② 중학교에서 고교로 진학할 때 입학 시험을 보지 않는 '병설형', ③ 공립 중학과 공립 고교 등이 함께 수업을 담당하거나 교사를 교환하는 '연계형'의 3가지 유형이 있다(역자 주 : http://ja.wikipedia.org/wiki/中高一貫校, 참조).

Good case
게임 30분
뿅 뿅
끝
따르르릉~
벌써 30분이 다 됐어?
공부 30분!
끝
따르르릉~
시간이 너무 길었어요!

같은 30분이라도 마음 자세에 따라 시간 감각이 달라진다

좋아하는 일 30분! 싫어하는 일 30분! 30분이라는 절대적인 시간도, 심리에 의해 길고 짧음이 상대적으로 다르게 느껴집니다. 자신이 좋아하는 일을 하며 보내는 30분, 그 시간 감각을 이해시킴으로써 시험 시간 배분에서 수험 대비 공부 스케줄링까지 능숙하게 할 수 있게 됩니다.

'공부 잘하는 아이' 는 시계를 자주 보며, 자신이 지금 하고 있는 일에 소요된 시간이 어느 정도인가를 확인합니다. 시간 경과를 인식시키는 것은 '공부 잘하는 아이' 로 키우기 위한 필수 조건입니다. 시간 감각을 일찍부터 익히도록 지도해 주세요.

06 부모의 삶으로 아이를 설득시켜라

방학, 전 가족의 스케줄 공개!

_ 사립 중학교 수험생 I군과 어머니

방학을 맞으면 아이뿐만 아니라 가족 전원이 스케줄을 작성하여 냉장고에 붙여 두었습니다. 그것을 통해 아이들이 엄마와 아빠, 형제의 스케줄을 볼 수 있게 하여, 자기만이 아니라 아빠나 엄마도 계속 노력하는 시간을 보내고 있다는 것을 알게 하였습니다. 처음에는 방학 학습을 지도하고, 효율적인 시간 관리를 익히게 하려는 의도로 선택한 방편이었는데, 결과적으로 공부에 대한 열의를 상승시키는 효과도 거두었습니다.

Good case
일정표를 작성하여 냉장고에 붙여 두자.
좋아요.
이렇게 써 보니
너무 많은 것 같은데.
모두가 해야 할 일이 많네요.
나만 그런 것이 아니라, 모두 힘들겠구나.
자-, 시작해 볼까….

아이가 납득하면
훈육의 고통은 줄어든다

아이에게 가족의 스케줄을 알려 주는 것은 어머니가 훈육하는 데 따르는 고통을 경감시킬 수 있는 방법입니다. 방학을 맞은 아이는 '아빠는 TV를 보며 쉬시는데, 왜 나는 안 되지?' 라고 생각할 수 있습니다. 어른과 아이의 세계에 근본적인 차이가 있는데도, 아이는 어른과 자신이 대등한 입장이라는 생각을 하며 차이를 인정하지 않을 수 있기 때문입니다.

그런 아이에게 가족 전원의 스케줄표를 보여 주는 것은, 아빠나 엄마도 자신과 마찬가지로 조금은 번거롭고 하고 싶지 않은 일을 해야만 하고, 그 일을 하고 있다는 것을 이해시키는 방편이 될 것입니다. 그러한 방편으로 이해를 하게 되면 아이는 공부를 하지 않으려는 자기 변명을 줄이고 자진해서 공부하게 될 것입니다.

간식 시간도 정해 두자

아이가 배고프다고 하면 때를 가리지 않고 언제든지 간식을 주고 있지는 않습니까? 간식 시간도 1일 시간표에 일정하게 정해 주세요. 취침, 기상, 공부 시간과 함께 간식 시간도 정해 두는 것이 아이의 시간 관리 능력을 기르는 데 필요합니다.

● 간식 시간이 '일정하게 정해져 있는' 비율

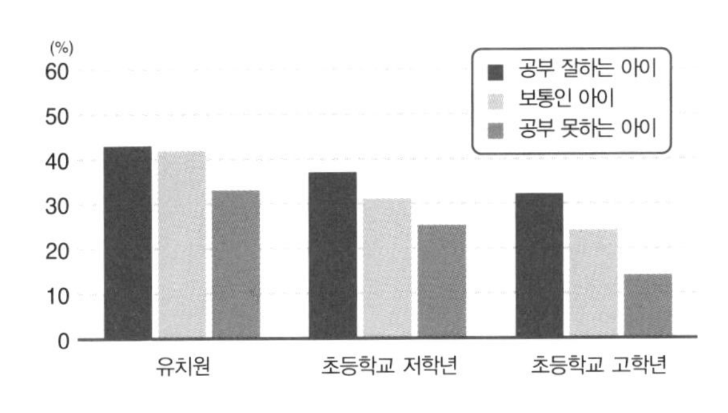

chapter 4

집중력을 키워 주는 생활습관

공부에 재미 더하기

프로 스포츠 선수, 세계적인 음악가, 노벨상 수상자 등 세계에서 최고의 자리에 우뚝 선 사람들에게는 공통된 일화가 뒤따릅니다. 바로 집중력에 관한 것이지요. 예를 들어, 어떤 피아니스트는 하루 한 소절만을 계속 반복 연주하는 연습을 하였다고 하고, 어떤 연구가는 답을 찾을 때까지 며칠이고 똑같은 계산을 반복하였다는 이야기들이 있습니다.

문제를 해결하기까지, 그리고 기술의 완성도를 높이기까지 지치지 않고 같은 동작, 같은 문제풀이를 거듭 반복할 수 있는 집중력은 세상에서 최고가 되기 위한 필수 조건입니다.

"우리 아이는 무엇을 하는 데 집중력이 없어서, 금방 싫증을 낸다."고 불평하지는 않았습니까? 사실 집중력은 선천적으로 부여받은 재능이 아니라, 생활 속에서 자연스럽게 몸에 익혀 길러가는 것입니다. 어려서부터 소소한 일상생활조차 집중하는 습관을 몸에 붙이면, 그것이 아이의 성격으로 자리 잡게 되어 공부든, 스포츠든 어떠한 활동 영역에서도 집중력을 발휘하면서 그것을 더욱 강화시켜 갈 수 있습니다. 그렇게 길러진 집중력은 아이가 장차 어떠한 영역에서 활동을 하든 커다란 자산으로 작용할 것입니다.

'전혀 침착하지 못한 아이에게 집중력을 길러 주라니…… 그것이 얼마나 힘이 드는데…….' 라고 생각하고 계시지는 않은가요. 그렇지만 아이의 생활을 잘 살펴보세요. 자기가 좋아하는 TV 앞에서는 몇 시간이고 앉아 있지 않습니까? 그것 또한 집중력입니다. 인간은 누구나 자기가 좋아하는 대상에는 놀라울 정도로 집중력을 발휘합니다. 이런 특성을 이용해 보세요. 아이가 흥미를 잃지 않도록 '공부를 재미있는 것'으로 만들어 주고, 공부에 싫증을 느낄 요소를 제거해 주는 겁니다. 그러면 공부에 대한 아이의 집중력이 자연스레 높아질 것입니다.

공부에 싫증을 느끼지 않도록 도움을 주어, 집중력을 기르는데 성공한 사례를 소개합니다.

07 학습 눈높이 점검으로 좌절감을 경험하지 않게 한다

공부하다 막히면 간단한 문제로 전환!

_ 사립 초등 학교 수험생 G군과 어머니

아이가 산수나 국어 공부를 하다가 아이의 현재 실력으로 실마리를 찾을 수 없을 정도로 어려워하는 문제에 부딪치게 되면, 쓸데없이 시간만 흘러가면서 아이의 집중력도 떨어지게 됩니다. 그런 데다 아이는 문제를 풀지 못하는 자신에 대해 초조해 하는 모습마저 보입니다.

그래서 과감하게 아직 어려워하는 문제를 덮어 놓도록 하였습니다. 그리고 어제까지 술술 잘 풀어 내던 간단한 유형의 문제를 다지게 하였습니다. 그러자 아이의 집중력이 다시 살아나고, 정말 즐겁게 문제를 풀기 시작하였습니다. 그렇게 그 단계의 문제를 2, 3일 정도 계속 더 공부하게 하였습니다. 그리고 전날 풀지 못했던 그 어려운 문제를 다시 건네주었습니다. 아이는 며칠 전과 달리 그 문제를 너무도 간단하게 풀어 나갔습니다.

Good case
오늘은 조금 어려울지도 모르겠네.
끙!
끙!
조금 더 간단한 문제부터 풀어 볼까?
2, 3일 후
술술……
Bad case
자, 열심히 풀어.
연습 문제
조마조마
어째서 이런 것도 못 풀어?
철렁
아무리 생각해도 못 풀겠어!

어려운 문제를 풀어 내는 것보다 중요한 것은 얼마나 오래, 깊이 집중할 수 있는가이다

아이가 어려운 문제에 부딪쳐 끙끙대다 지쳐서 내팽겨치려는 순간, 어머니들은 무심결에 이런 말을 할 수 있습니다.

"그런 것도 몰라?"

하지만 이렇게 질책하는 표현은 절대 해서는 안 됩니다. 목표관리 능력이나 집중력을 단련하는 초등학교 저학년 단계에서, 모르는 문제에 도전하여 극기의 시간을 보내는 것은 거의 가치가 없습니다.

오히려 집중력과 지구력을 높여 줄 수 있는 훈련 시간이 더욱 의미 있을 것입니다. 구체적으로 말하자면, 학습 레벨을 낮추더라도 아는 문제를 풀어 가며 공부에 대한 흥미와 집중도를 높여가는 것에 초점을 맞추는 것입니다. 문제를 어렵지 않게 풀어가는 중에 지식도 조금씩 늘어가고, 그러면서 공부에 대한

흥미가 늘고, 집중도 또한 높아질 것입니다. 그러니 이 연령대에서는 집중하여 문제를 풀어 갈 수 있게 하는 것이 더욱 효과적인 트레이닝입니다.

대부분의 사람들은 문제를 풀 때, 처음에 비해 두 번째, 두 번째보다는 세 번째에서 가속도가 붙습니다. 그러니 조금은 단순한 문제 등 같은 문제를 몇 번이고 반복하여 풀어 보는 방법이 문제의 원리를 이해시키기 위해서도, 집중력을 길러 주기 위해서도 지름길 역할을 할 것입니다.

흔히 어머니들 사이에서 "우리 아이는 벌써 이 단계까지 풀고 있다."든가, "아직 2학년이지만 5학년 문제를 풀고 있다."는 등등 아이가 얼마만큼 선행 학습을 하고 있는가를 자주 화제 삼아 자랑스러워하는 모습을 볼 수 있습니다. 하지만 그러한 일은 아이의 학습 능력을 길러 주는 데 있어 생각만큼 그렇게 중요하지 않습니다.

학습 진도의 속도 혹은 학습의 양은 결코 초등생 자녀의 학습력을 측정하는 잣대가 될 수 없습니다. 정말 중요한 것은 얼마나 오랫동안 학습에 집중할 수 있느냐는 것이지요. 그러니 어머니는 아이의 집중 시간을 얼마만큼 늘려 갈 수 있느냐에 초점을 맞춰 코치로서 능력을 발휘하셔야 합니다.

아이에게 "어렵겠지만 끝까지 노력해 봐!"라고 말하는 것은 참으로 난센스입니다. 장시간 공부하게 한다거나, 한 시간여 걸쳐서라도 어려운 문제를 기어이 풀어 내게 한다 하여도, 사실 그러한 교육 방법은 아이의 학습 능력을 증진시켜 '공부 잘하는 아이'로 성장시키는 데 별 도움이 되지 않습니다.

그렇다면 아이의 공부 집중도를 길러 주기 위해서는 난이도가 어느 정도인 문제를 자료로 활용하면 좋을까요. '간단히 술술 풀어 낼 수 있는 정도'의 문제를 기준으로 삼으십시오. 그러한 문제들 속에 약간은 어렵겠지만 조금 생각해 보면 풀 수 있는 문제를 섞어 놓습니다.

아이들이 재미있다고 느끼는 것에 보여 주는 집중력은 어른들의 상상을 뛰어넘을 정도입니다. 자신이 풀 수 있고, 이해할 수 있다면 공부도 즐거워지는 법입니다. 그렇게 되면 집중하지 못할 이유도 없습니다. 그렇게 아이가 집중도를 높여 갈 수 있도록 지도하는 것이 부모의 코칭 방향 아닐까요.

아이가 공부를 하다가 풀기 어려운 문제에 부딪쳐 골똘히 고민하며 집중력을 잃어버리는 모습을 보인다면, 즉시 문제의 레벨을 낮추어 조금 풀기 쉬운 문제로 바꾸어 줍시다. 그러면 집중력을 되찾을 수 있습니다. 그런 과정을 통해 학습에 대한 집

중력을 지속시켜 가다 보면 점차 복잡한 문제도 스스로 해결할 수 있게 되고, 그러한 변화를 아이 스스로 알아차릴 만큼 되었을 때는 틀림없이 기초 학력이 튼튼하게 쌓여 있을 것입니다.

08 수치로 확인하는 집중도, 아이 스스로 시간 효율성을 알 수 있다

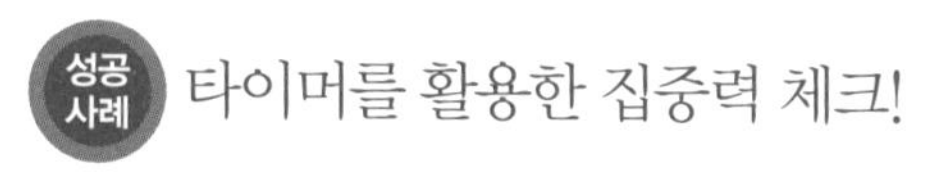

타이머를 활용한 집중력 체크!

_ 사립 중학교 수험생 K군과 어머니

아이가 어려서부터 암기하거나 문제풀기를 할 때는 10분, 30분 등으로 시간을 예정하고, 그 시간을 키친 타이머로 설정하여 놓고 집중하도록 하였습니다.

그러다 보니 초등학생이 된 지금도 수학 문제를 풀 때 프린트 한 장이면 10분, 세 장이면 30분을 기준 시간으로 정하여 공부합니다. 그렇게 시간을 정하여 자신의 집중력을 확인해 가며 평소보다 집중도가 떨어졌다고 생각되면, 휴식을 취한 다음 다시 시도합니다. 그러다 보니 학년이 올라갈수록 집중하는 시간도 늘어나는 것을 확인할 수 있었습니다.

Good case
이것이
눈에 보이게!
짠!
10분
경과
30분 경과
이 소리 덕분에
정말 집중할 수
있구나!!

집중력을 수치로 확인시켜 주는 것은 어머니의 소임이다

학습 능력의 우열을 가르는 집중력은 신장이나 체중처럼 측정기의 눈금으로 나타낼 수 있는 것은 아닙니다. 그리고 눈으로도 확인할 수 없으니, 집중력이 높아지고 있는지 아니면 떨어지고 있는지의 여부를 가늠하기도 쉽지 않습니다. 그러면 아이의 집중력에 변화가 있는지 없는지를 어떻게 확인할 수 있을까요. 그것은 K군처럼 키친 타이머와 같은 스톱 워치를 사용하여 수치로 측정해 보는 것이 도움이 되리라고 생각합니다.

교재 한 권을 풀게 하면서, 문제를 푸는 데 몇 분이 소요되는가를 매일 스톱 워치로 측정하세요. 그러한 방식을 아이가 유치원에 들어가기 전부터 산수든, 국어든 모든 학습 영역에 적용해 주세요. 예를 들어, 나라별 국기를 기억하는 데 몇 분이 걸렸는가를 측정하는 등 모든 학습에 타이머를 설정하는 습관을 붙여 주십시오. 그래서 평상시에 비해 속도가 떨어졌다는

의심이 들 때는 분명 집중력이 떨어졌다는 증거이니 심호흡을 하게 하거나 기분 전환을 할 수 있도록 잠깐 휴식 시간을 갖게 해 주세요. 그리고 다시 한 번 시간을 측정하며 문제를 풀게 해 보세요.

이런 방법을 반복하다 보면, 집중하는 시간도 서서히 늘려 갈 수 있을 뿐만 아니라 언제 집중력이 높아지고, 언제 집중력이 떨어지는가도 알 수 있습니다. 그러면 어떻게 하였을 때 아이의 집중력이 가장 높아질 수 있는가도 자연스레 알게 될 것입니다.

그리고 스톱 워치는 주방용이 아닌, 별도로 공부용을 준비할 것을 권합니다. 공부 전용으로 마련된 자신의 스톱 워치를 사용함으로써 아이에게 "공부 시간이다."라는 기분을 북돋울 수도 있을 것입니다. 간단한 소품 같지만 사실 공부 시간을 의식시키는 데 적잖은 효과를 준답니다.

09 반복 학습으로 기억 저장고를 확장시킨다

교재의 단권화,
모든 문제에 능숙해질 때까지 반복 학습!

_ 사립 중학교 수험생 B군과 어머니

아이가 곧잘 싫증을 내는 성격이어서 공부를 하면서도 교재 한 권을 진득하게 풀지 않고, 금방 다른 교재로 시선을 돌립니다. 그렇지만 우리는 교재 하나를 정하여, 그것을 끝까지 풀고 난 뒤에도 몇 번을 반복하여 풀게 하였습니다.

그러다 보니 교재에 있는 문장까지 암기할 수 있을 정도가 되어, 문제를 능숙하게 풀어 내게 되었답니다. 물론 경제적으로도 절약의 효과가 컸지요!(^^)

Good case
한 번 더 풀어 보자.
잘했구나!
벌써 연습 문제 다 풀었어요.
이번에도 끝냈니? 자, 한 번 더!!
에-, 또?
진수는 집에서 800 킬로미터 떨어진 희완이네 …
보지 않고도
말할 수 있어요!
Bad case
새 문제집을 사 와야겠네.
잘했구나!!
다 풀었어요.
벌써 다 풀었다고?
에!!
천 원을 내면
거스름 돈은 얼마지?
앞에서 풀었던 거야.
모르겠어요!!

반복 학습으로 기억 시스템을 활성화시킨다

'공부 잘하는 아이' 들의 공부 방법에서 공통적으로 나타나는 또 하나의 특징은 엄선된 하나의 교재만으로 반복 학습을 한다는 것입니다. 한 과목에 여러 종류의 교재를 갖추어 놓고 이 교재, 저 교재를 조금씩 풀어 보는 방식으로 공부하지 않습니다. 흔히 교재의 마지막 페이지 마지막 문제를 풀고 나면, 그 책을 혹은 그 과목을 마스터했다는 착각에 빠집니다. 하지만 어느 교재든 그것을 마지막 페이지까지 다 풀었다고 해서 그 내용을 전부 이해하고 기억하였다고 할 수 있을까요. 그것은 전혀 별개의 문제입니다. 만약 다시 그 교재의 첫 페이지로 돌아가 문제를 풀어 본다면, 이미 한 번 풀어 본 문제인데도 생경하거나 어렵게 느껴지는 부분이 많이 있을 것입니다.

인간의 기억은 경험했던 한 가지 정보를 토대로, 그것에 새로이 경험하는 정보를 관련시켜 조금씩 유기적으로 결합시켜

기억해 나가며, 더 많은 내용을 기억해 나가는 시스템으로 이루어져 있습니다. 그렇기 때문에 교재를 한 번 읽으면 자신이 그 이전에 이미 기억하고 있던 것들에 연관될 수 있는 내용만을 기억할 수 있게 되겠지요. 그러므로 교재를 두 번째 볼 때, 이미 봤던 내용이었을지라도 기억하지 못하는 부분이 많을 것입니다. 그러나 교재를 반복하여 학습하다 보면 기억되는 내용도 늘어 갈 것입니다. 횟수를 더해 갈수록 그 지식은 마치 새싹이 자라듯 늘어 가게 되는 것이지요.

이러한 공부 방법을 어려서부터 익혀 두면, 한 가지 내용으로부터 연결시켜 기억하는 것에 능숙해지고, 그만큼 기억력이 증대되어 기억 학습을 즐길 수 있습니다. 이러한 기억 시스템을 터득시켜 주기 위해서도 교재는 한 권으로 충분합니다. 그 한 권의 내용을 전부 암기할 정도로 몇 번이고 반복하여 학습시키는 것을 철칙으로 삼으세요!

10 마음을 빼앗긴 것에 잠시 시간을 허락하여 기분 전환을 시켜 준다

집중력이 떨어진다면 30분 정도 TV 시청. 그리고 다시 공부!

_ 도립 중고교 수험생 T양과 어머니

아이가 공부하는 모습을 곁에서 지켜보면, 연필 돌리기를 시작하는 등 집중력이 떨어지고 있음을 분명히 알 수 있는 동작들을 확인할 수 있습니다. 그런 경우 대부분은 아이들이 보고 싶은 TV 프로그램이 시작되는 시간이거나, 혹은 그 밖에 관심을 사로잡은 무언가가 이루어지고 있을 것입니다.

아이의 집중력이 그렇게 떨어지면 학습에 흥미를 잃고 지루해 하므로 공부를 계속할 수 없습니다. 그래서 그런 모습을 보이면 30분 정도로 시간을 정하여 TV 시청을 허용하였습니다. 그리고 약속된 시간이 지나면 다시 공부하게 하였습니다.

Good case
응?
아~흠!
야호
잠시 쉬면서 TV라도 볼까?
약속한 30분이 다됐어요.
네—
집중이 잘된다!

집중력을 잃은 상태에서 계속 공부하는 것은 시간 낭비이다

집중력이 현저히 떨어진 상태에서 시간 때우기식 공부를 하는 것은 시간 낭비에 지나지 않습니다. 집중력을 잃은 시점에서 일단 공부를 중단시키고, 집중력을 회복시켜 공부를 계속할 수 있게 하는 것이 명코치인 어머니의 역할입니다.

TV 프로그램에 관심이 쏠려 집중력을 잃었다면 T양의 경우처럼 TV 시청을 허용하는 것도 하나의 방법이 됩니다. 그러나 그럴 경우 반드시 '몇 분'까지 TV 시청을 종료해야 하는가를 분명하게 알려 주는 것을 잊지 마십시오.

11 지식을 담은 게임으로 공부의 즐거움을 높여 준다

공부를 퀴즈 놀이 방식으로 즐겁게!

_ 도립중고일관교 수험생 S양과 어머니

아이가 차분한 성격이 아니어서 프린트 용지에 문제를 나열한 일반 학습 교재로는 공부를 하지 않았습니다. 그래서 퀴즈 형식의 출제 방법을 생각하게 되었습니다. 평소 TV 퀴즈프로그램을 좋아하는 아이의 흥미를 끌기 위해 퀴즈 프로그램에서 활용하는 3자 택일 혹은 그림에서 답을 추론하는 방식 등을 섞어서 문제를 제출하였습니다. 그리고 정답을 말하면 와- 하는 함성을, 오답일 때에는 부- 하는 신호음을 울려 주었습니다.

성격상 집중하기 어려워하던 아이가 이런 공부법을 활용하자, 공부 시간을 즐거워하며 집중도도 높아졌습니다.

Good case
응?
슈~웅
슈~웅
깜짝 퀴즈 시간 입니다.
짜잔~
?
…그러면 나머지는 얼마 일까요?
저요!!
저요!
자, 다음 문제 입니다.
됐다, 됐어.
뭘까?

즐겁게 만들어 주는 것이 집중력을 올리는 비결이다

이미 수차례 언급했지만, 아이에게 공부는 분명히 귀찮은 일입니다. 그렇기 때문에 아이가 공부하며 집중력을 계속 유지하지 못하는 것은 어쩌면 너무나 당연한 일입니다. 그러니 이런 아이들이 공부에 흥미를 갖기 위해서는 어머니들의 역할이 정말 중요합니다. 아이가 공부에 흥미를 느낄 수 있는 공부 환경을 조성해 주고, 수시로 점검하여 수정해 주세요.

소개하는 퀴즈 형식의 문제 출제 방식은 어머니의 그러한 역할 사례가 될 수 있습니다. 출제 방식을 이런 퀴즈 형식으로 하게 되면, 게임 세대인 아이들이 흥미롭게 접근할 수 있을 것입니다. 특히 취학 전 아동들에게는 놀이와 배움을 병행하는 이러한 방법을 통해 학습은 물론 집중력 유지를 훈련시키는 훌륭한 효과도 거둘 수 있을 것입니다.

12 포상과 칭찬, 내면에 잠든 거인의 능력을 깨운다

"여기까지 하면 OO해도 좋아."

사립 남자 중학교 수험생 H군과 어머니

아이에게 30분 공부를 마치면 한 게임 정도 할 수 있다거나, 집안일을 도우면 1,000원을 주겠다는 등, 어떠한 목표를 세우고 그것을 달성하면 포상이 있다는 것을 미리 알려 주었습니다.

포상이 주어지지 않았을 때는 집중력이 떨어진 상태에서 마냥 시간만 채우려는 듯 건성건성 하던 아이가 포상을 하면서부터 끝까지 최선을 다하여 목표에 도달하려는 자세로 변했습니다.

Good case
아직도 집중을 못하네.
푸우~
공부 30분 하면, TV게임 한 게임
이러면 어때?
야호! 공부하자!
잘하네에~
TV 게임을 위하여
집중!

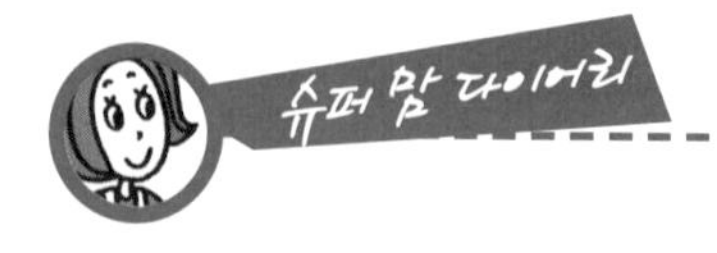

'포상' 효과로 집중력을 늘려 주자

우리 어른도 회의나 여타의 일처리를 하며 30분 동안 계속 집중한다는 것이 그리 쉽지는 않습니다. 하물며 어린아이가 그 정도의 시간을 집중한다면 매우 대단한 일이지요.

사실 공부에 집중하는 고통을 완화시키는 가장 좋은 방법이 습관화라고 계속 강조하였습니다. 이제 또 한 가지, 고통을 경감시키는 방법을 추가로 제안하고자 합니다. 그것은 '포상' 하는 것입니다. 사실 아이의 집중력을 늘려 줄 수 있다면 아무리 많은 포상을 한다 해도 결코 지나치지 않습니다. 그렇다고 꼭 돈을 투자하라는 것이 아닙니다. 아이들 각자가 '포상'으로 받아들일 수 있는 물건이나 특정 상황을 이용하여 동기를 향상시키십시오.

TV 시청 시간은 휴일에도 평일과 동일하게 하자

아이가 초등학교에 입학하면, 그때부터 공부를 '잘하는 아이', '잘 못하는 아이' 사이에 생활 기록표의 차이는 뚜렷해집니다. TV 시청에 있어서 '잘하는 아이'는 유치원 때부터 1일 평균 시청 시간에 큰 변화가 없다는 사실도 중시해야 할 포인트입니다. 마찬가지로 '잘하는 아이'는 평일과 휴일의 TV 시청 시간에도 차이가 없었습니다.

● 아이의 휴일 TV 시청 시간

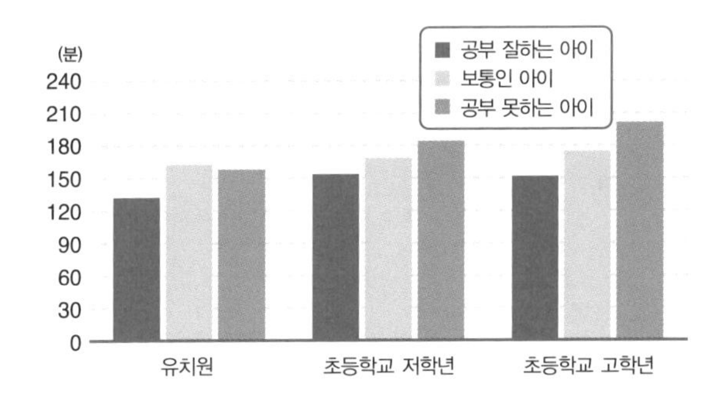

chapter 5

'학습 능력'+α로 사회 적응력을 키워 주자!

사회에서 인정받을 수 있는 인격체로 키우기

최근 집에 틀어박혀 생활을 하거나, 우울증 등으로 사회에 나가서도 잘 적응하지 못하여 자신의 몸과 마음을 파괴시키는 사람들이 늘어 가고 있습니다. 그들 가운데는 학창 시절 뛰어난 학습 능력으로 인정받던 사람들도 포함되어 있습니다. '학습 능력이 뛰어난, 공부 잘하는 아이'가 사회에서 성공하는 경우를 자주 볼 수 있지만, 안타깝게도 꼭 그렇다고는 단정할 수 없습니다. 우리가 아이를 공부시키며 희망하는 것, 그것은 장차 아이가 자기 인생에서 자신의 능력을 성공적으로 꽃피우며 행복하게 살기를 바라는 것이 아닐까요. 하지만 그것은 아이 홀로 뛰어나다고 하여 반드시 가능한 것은 아닙니다. 아이가 자신이 속한 공동체를 대상으로 자신을 설득할 수 있고, 자기 존재를 인정받으며 공존할 수 있을 때 가능합니다. 하지만 자신이 속한 사회에서 인정받고 사랑받는 존재가 된다는 것은 결코 지식의 충전만으로 가능한 일이 아닙니다. 그래서 이제 부모 코칭의 또 다른 영역, 아이가 사회에서 인정받는 존재로 성장하기 위해 필요한 것, '사회 적응력'을 소개합니다.

사회 적응력, 관계의 기술이라고 볼 수 있는 그것은 인간 서열을 감지하는 능력에서 시작한다고 설명할 수 있습니다.

관계의 기술, 그것은 아이가 태어나 처음 만나는 집단, 즉 가정에서부터 익혀나가는 것입니다. 인간이 태어나 처음 만나는 가정은 최소 2인 이상으로 구성되는 집단이며, 그렇게 하여 최소의 사회 조직을 이룹니다. 2인 가족에서는 어머니(또는 가장), 아이라는 나열 순서가, 일반적 가족 구성 형태인 3인 가족에서는 아버지와 어머니, 그리고 아이라는 나열 구조가 됩니다. 그런데 오늘날 흔히 "배고프다.", "보고 싶은 TV 프로그램이 있다."고 칭얼대는 아이의 요구를 우선시키는 모습을 많이 볼 수 있습니다. 하지만 무심코 일어나는 이러한 사소한 일상이 가정 내 서열을 무너뜨리는 요인으로 작용합니다. 그러한 상황이 계속 반복되면, 아이는 가정에서 자기 의견이 가장 우선시된다는 생각을 하게 되고, 무의식중에 자기가 최고라는 생각까지 하게 됩니다.

그리고 이런 생각이 아이의 내면에 자리 잡게 되면, 사회에 나가서 자신의 의견이 받아들여지지 않는 상황에 처했을 때 쉽게 자포자기하고, 혹여 주의라도 받게 되는 상황에 부딪치면 쉽게 감정을 다쳐 불만을 표출하거나 의기소침한 행태를 보이며 사회에 적응하지 못하는 모습들을 보입니다.

그리고 이 책에서 소개하고 있는 목표 관리 능력과 집중력을 단련시키려고 부모가 어떠한 노력을 하여도, 이미 서열이 뒤집힌 가정에서 자란 아이는 더 이상 부모의 말을 귀담아 들으려 하지 않아 모두 무용한 것이 되고 맙니다.

그러니 아이의 코칭은 집단에서의 관계 구도, 즉 가족 서열이 바르게 이루어지고 있는지 일상을 점검하는 것에서부터 시작되어야 합니다. 요컨대 아이에게 목표 관리력이나 집중력을 길러 주는 트레이닝을 시작하기 전, 아이가 일상생활에서 익혀야 할 사회 적응 능력 트레이닝을 먼저 (적어도 학습력 훈련과 함께) 시작해야 합니다.

이 트레이닝 또한 그다지 어렵지 않습니다. 간단한 예로서 TV의 채널권을 부모(또는 가장)에게, 식사도 아버지 또는 어머니가 자리에 앉고 나서……. 예부터 우리네 가정에서 당연하게 행해졌던 것을 실천하는 것만으로도 충분합니다.

사회 적응력을 몸에 익힌 아이는 어떠한 장소, 어떠한 상황에 이르더라도 곧 자신이 어떤 입장에서 행동해야 하는가를 바르게 판단할 수 있습니다. 그런 아이가 목표 관리력과 집중력까지 몸에 익힌다면 범이 날개를 단 격이라고 해야 하지 않을까요. 아무리 약육강식의 법칙이 지배하는 사회라고 하여도, 그 사회에서 어떠한 인간관계를 이루어야 자신이 살아남을 수 있을까를 이해한다면, 오히려 강자와 적극적 · 긍정적인 관계를 이루어 사회에서도 순조롭게 자기 발전을 이루어 나갈 수 있을 것입니다.

공부는 학교 교재만으로 이루어질 수 있는 것이 아닙니다. 사회에 진출하여 자신의 꿈과 이상을 펼치며 살아가기 위해 필요한 타인과의 공존의 기술, 즉 좋은 인간관계를 이루기 위해 필요한 규범이나 사고방식의 기초도 아이가 10세가 되기 전에 익혀 주어야 합니다. 그것은 교재보다도 가족 구성원들의 삶의 방식에서 더 큰 영향을 받습니다.

공부를 잘할 수 있게 된다는 것, 뛰어난 학습 능력은 아이에게 매우 좋은 일입니다. 하지만 타인과의 관계에 실패하여, 사회에 적응할 수 없다면 그 능력은 하잘것없는 것이 되고 맙니다.

가정에서의 일상생활은 바로 아이의 사회 적응력을 단련시키는 교육 현장입니다. 아이가 학교를 졸업하고 사회에 진출하였을 때, 인간적 매력으로 타인에게 호감을 받으며 능력을 활짝 펼쳐 나갈 수 있는 터전을 가정에서 마련해 주십시오. 사회 적응력 훈련은 누구나 당연하다고 생각하고 있는 것들을 일상에서 실천하도록 하는 것이므로 특별히 어렵거나 복잡하지 않습니다.

13 아이와 부모의 관계는 장차 아이의 사회적 관계를 결정짓는 주춧돌이 된다

식사 시간, 아버지가 수저를 드실 때까지 아이가 기다리도록!

_ 사립 초등 학교 수험생 D군과 어머니

우리 집의 경우에는 아이가 어려서부터 기회 있을 때마다 아버지가 우선이라고 일러 주었습니다. 그리고 가족이 함께 식사를 할 때면 아버지가 "자 먹자." 하며 수저를 들기 전까지 기다려야 한다는 교육을 철저히 시켰습니다.

그 성과인지 모르겠으나 아이가 엄마에게는 때때로 반항을 하면서도 아버지의 말은 잘 듣습니다.

Good case
Bad case
배고파
아, 안 돼요.
아빠가 자리에 앉으시면 먹어요.
쉿
아빠는 대단하시구나.
잘 먹겠습니다.
배고파
아빠, 아직이에요?
할 수 없네.
배고프단 말이야.
공부는?
하고 싶지 않은걸.

가정에서 부모를 정점으로 하는 서열 구조를 명확히 익히도록 한다

누구나 선망하는 좋은 회사에 입사하고서도 1, 2년 만에 사표를 던지는 신입 사원들이 최근 늘어 가고 있는 듯합니다.

그 시간에 이르기까지 그들은 학교 생활에서 그리고 가정 생활에서 감정에 따라 다른 사람과의 교제를 선택할 수 있었습니다. 하지만 사회에 진출하게 되면 더 이상 자신의 감정에 따라 선택적 교제만을 할 수 없게 됩니다. 그러니 장차 원만한 대인관계에 대비하는 것, 다시 말해 집단에서 서열에 위배되지 않고, 타인에게 호감을 주는 몸과 마음자세를 갖추도록 교육하는 것 또한 부모에게 주어진 중요한 역할일 것이다.

이 자세를 훌륭하게 갖춘 아이일수록 성공적인 삶을 이루어 갈 가능성이 높습니다. 그렇다면 이 자세를 어떻게 가르쳐야 할까요. 사례의 주인공인 D군이 가정에서 익힌 방법처럼 어릴 때부터 부모 또는 가장의 서열을 정확하게 인식시키는 것입니다.

이 자세를 이해시키기에는 특히 가족과 함께 하는 식사 시간에 할아버지, 아버지가 수저를 들 때까지 기다리게 하는 교육이 아주 효과적일 수 있습니다.

옛날에는 이러한 일이 우리 일상에서 너무나 자연스럽게 행하여졌습니다. 밥을 먹을 때는 모두 모여 아버지가 수저를 들어 밥을 뜨고 난 뒤에 다른 가족들도 밥을 먹기 시작하였습니다.

그런데 오늘날 그 모습은 사라지고, 서열이 뒤집힌 듯한 모습들이 늘어 가고 있습니다. 번잡하다, 시끄럽다는 이유를 들어 아이부터 먼저 먹게 하는 가정이 늘고 있습니다. 하지만 무심코 이루어지는 그 행위가 마치 아이에게 "네가 가장 상위자이다."라는 메시지를 전하는 것과 같은 기능을 합니다. 어려서부터 그렇게 자라다 보니 매사에 자기가 최고라는 사고가 몸에 배게 되지요. 그렇게 자란 아이가 경제 활동을 위해 회사에 입사하였을 때, 하위자로서의 역할을 얼마나 견뎌 낼 수 있을까요? 아마도 기분 나쁘고 힘들다는 생각에 곧장 사표를 던지고 뛰쳐 나오기 쉽습니다.

그러니 이제부터라도 아이의 사회 적응력을 위해, 가족 식사에서와 마찬가지로 TV 채널권 등에서도 부모 또는 가장 상위자가 우선이라는 의식을 가질 수 있도록 신경써 주세요.

14 가정 생활은 부모 공동의 헌신임을 알게 한다

"함께 오시지 못했지만,
이것은 아버지가 사 주신 것."

_ 사립 여자 중학교 수험생 W양과 어머니

일 때문에 바쁜 아버지가 아이와 함께할 수 있는 시간은 휴일 정도. 그러다 보니 아버지가 아이에게 직접 물건을 사 줄 기회가 별로 없습니다. 그래서 물건을 사 줄 때면 "이것은 아빠가 사 주신 거야."라는 말을 해 주고는 하였습니다.

Good case
책 사고 싶어요.
자, 여기.
이 책은 아빠가 사주시는 거야.
그래, 아빠는 대단하시구나.
Bad case
쇼핑 가자.
야호, 됐다.
게임 소프트
여기 있다!
집안일을 도와주었으니 괜찮아요.
엄마, 고맙습니다.
엄마는 대단해!!
엄마 말을 잘 들으면
이익이네!

아버지(또는 가정의 정점에 있는 사람)의 지위를 명확히 이해시켜 주는 것이 중요하다

인류는 오랜 역사에 걸쳐 집단을 이루어 생존해 왔습니다. 그러한 토대에서 개인은 생존을 위해 누가 자신의 상위에 있으며, 양식을 주는 존재인가를 명확하게 인식해야만 했습니다. 그것은 사회 유지를 위한 질서, 집단의 평화 공존을 위한 관계의 법칙을 이해하는 것이기도 하니까요. 우리는 그러한 인식을 그 모든 관계의 구도를 갖추고 있는 가족 공동체 생활 속에서 자연스레 익혀 왔습니다.

그런데 오늘날 많은 가정에서 그 기능을 다하지 못하고 있습니다. 그것은 올바른 관계 구도가 무너진, 즉 상위 서열에 함께 있어야 할 부모 가운데(예컨대 사례와 같이 가정의 정점이 아버지라면), 가족 공동체의 일상에 함께 하지 못하는 아버지의 자리가 무너진 데에서 이유를 찾을 수 있습니다. 그런 가정에서는 지출을 담당하고 있는 어머니만이 실질적 상위 서열에 자리하고

있는 경우가 많습니다. 그러다 보니 아이들이 "내게 필요한 모든 것을 주는 사람은 엄마. 그러니까 엄마가 위대하다!"라고 본능적으로 이해해 버립니다. 그러면서 집단의 위계 구도는 물론 그 속에서 자신이 어떤 위치에 놓이는지에 대해서도 바르게 이해할 수 없게 됩니다. 사실 사회에 나가서 자신의 상위자를 올바르게 인식하고 원활한 관계를 이루어 사회 조직 속에서 성공적인 자기 삶을 살아가기 위한 교육은 어릴 때부터, 인간관계의 가장 기초 교육 현장이 되는 가정에서 시작되어야 하는데 말이지요. 그렇다면 이제부터 아이에게 "아버지가 대단하고 소중한 분이며, 가족의 정점에 있다."는 것을 인지시켜 주시면 어떻겠습니까.

15 먼저 인사하기!
인간에 대한 예의를 익혀 준다

인사하기에서 시작되는 예의범절의 습관화!

_ 사립 여자 중학교 수험생 V양과 어머니

아이가 말을 할 수 있게 되면서 가장 먼저 인사하기를 가르쳤습니다. 특히 윗사람을 향한 인사, 감사 인사 등은 아이가 먼저 말을 건네며 해야 한다는 것을 몇 번이고 강조하였습니다.

그래서인지 아이가 초등학교에 들어가면서부터, 누가 시키지 않아도 자연스레 자기가 먼저 안부 인사, 감사 인사를 하게 되었습니다.

Good case
안녕하세요!!
제대로 인사할 줄 아는구나.
회사에 입사하여
열심히 하는군요.
여러분의 지도 덕분입니다.
음음
신입인데도 빈틈없이 하는구나.
Bad case
안녕.
이런, 인사는?
….
회사에 입사하였을 때
신입인가. 이제 익숙해졌는가?
허둥 지둥
가만있자. 누구지?
저어, 뭐….
무례하군.

인사는 사회 활동에서의 상하 관계를 배우는 첫걸음이다

인사하기도 사회 활동을 시작하게 되었을 때, 상위자를 이해하는 데 필요한 행동입니다. 인사나 감사 표시 행위를 하다 보면 머리만으로 상위자를 이해하는 것이 아니라 몸으로 그 관계를 익힐 수 있습니다. 우리는 예로부터 상위자에게 길을 양보하고, 먼저 인사하는 등 타인과 공존을 위한 기본 예의에 매우 익숙했었습니다.

그런데 요즘 아이가 울거나 떼를 쓰면 요구 사항을 쉽게 들어 주는 부모들이 많습니다. 어쩌면 사소하게 보일 수 있는 그 모습이 아이에게 주장과 고집으로 무엇이든지 얻을 수 있다는 잘못된 생각을 심어 줄 수도 있습니다. 그리고 아이가 집안에서 자신이 상위 서열에 있다는 잘못된 인식을 갖게 할 수도 있습니다. 문제는 그러한 인식이 훗날 회사 입사를 하여 사회 활동을 하면서도 쉽게 지워지지 않을 수 있다는 데 있습니다. 조

직에서 자기 자신을 상위자로 인식하고 있는 사람이 회사의 상위자를 마음으로 인정하기란 쉽지 않고, 그래서 누군가의 지시와 충고도 순순히 수용할 수 없게 됩니다. 결국 상하 관계로 이루어진 회사 등 사회 조직에서 생존할 수 없게 되는 것이지요. 고작 '인사'일 뿐이라고 생각하지 마십시오. 인사는 성숙한 인간관계를 배우는 첫걸음입니다.

일의 순서를 잘 정하는 엄마가 되자

'공부 잘하는 아이'의 엄마일수록 자기 자신도 일의 순서를 잘 정하여 처리한다는 생각을 하고 있는 것으로 확인되었습니다. 엄마 자신이 일의 순서를 잘 정하기 때문에 아이에게 계획적인 하루 시간표를 제공할 수 있고, 그것이 아이의 성적에도 현저하게 영향을 미친다고 봅니다.

● **자신은 일의 순서를 잘 정하는 편이다**

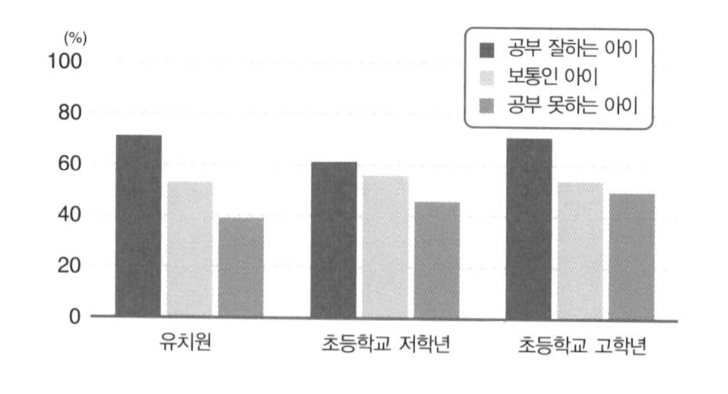

chapter 6

따라 해 보세요!

엄마를
명코치로 만드는 10항목

부모 변화가 먼저이다

지금까지 '공부 잘하는 아이'를 키우는 부모의 성공 코칭 방향을 사례로 소개하였습니다. 이 모든 성공 사례를 곧바로 따라 해 보기란 쉽지 않을 것입니다. 먼저 자신에게 가장 실천 가능성이 높아 보이는 한 가지 방법을 선택해 따라 해 보십시오. 실천 과정에서 서서히 부모와 아이의 관계가 변해 가는 것을 확인할 수 있을 것입니다. 그 즈음에 이르면 아이도 공부하기를 괴롭다고 생각하지만은 않을 것입니다.

"뒤따라다니며 무슨 말을 해도 아이가 공부를 하려 하지 않는다."며 짜증을 낸 시간도 많았을 것입니다. 그렇게 아이에게 역정을 내며 에너지를 소모하기보다, 어머니가 먼저 명코치로 변신하여 아이를 이끌어 주십시오. 시간이 훨씬 효율적으로 바뀔 것입니다.

이제 명코치로 변신하려는 부모님들이 일상생활에서 유의해야 할 10항목을 소개합니다.

이 10항목은 아이에게 요구하는 것이 아닌, 명코치가 되려는 부모님을 위한 과제입니다.

아이를 무리하게 변화시키려 하기보다, 이 10항목을 참고 삼아 부모님이 명코치로 서십시오! 부모님의 변화가 바로 학습 능력이 뛰어난 공부 잘하는 아이, 행복한 삶을 꽃피울 아이로 키우는 지름길입니다.

• 명코치가 되는 10항목 •

01 꾸지람을 하게 되었다면, 그 이상으로 칭찬해 준다.

02 아이와 함께 끝까지 뛴다.

03 '언제까지'라는 시간 개념을 심어 준다.

04 기상, 식사, 취침 시간을 매일 동일한 시간에 규칙적으로 한다.

05 가능한 한 아이 앞에서 TV 시청을 하지 않는다.

06 오늘 하루 일상에 대해 반드시 물어 대화한다.

07 '포상'을 준비하여 동기를 향상시킨다.

08 부모의 주의 · 감독이 미치는 범위 내에서 생활하게 한다.

09 매일 조금씩이라도 반드시 학습하도록 지도한다.

10 습관화로 심리적 고통을 경감시킨다.

꾸지람을 하게 되었다면, 그 이상으로 칭찬해 준다

좀처럼 공부에 집중하지 않거나, 같은 문제에 반복적으로 오답을 구하는 등, 꾸지람을 할 이유는 여러 가지 있습니다. 그러나 대부분의 아이 입장에서 보면 공부란 그다지 하고 싶지 않은 일입니다. 그렇게 느껴지는 공부를 하면서 꾸지람까지 듣게 된다면, 아이로서는 그 일이 더욱더 싫어질 것입니다.

어쩔 수 없이 꾸짖게 되었을 때는, 칭찬이라는 특효약을 사용하세요. 칭찬은 고래도 춤추게 한다지요. 아이도 '칭찬'이라는 심리적 포상을 경험하면, 그 대가를 위해 싫어하는 공부도 자진해서 하게 될 것입니다.

아이와 함께 끝까지 뛴다

아이에게는 공부를 하라고 하면서 엄마는 TV를 본다거나, 인터넷 채팅을 하지는 않으시겠지요. 만약 아이가 그런 상황에 놓인다면 '자기 혼자만 싫은 일을 억지로 하게 한다.'는 생각을 하게 되고, 공부하려는 의욕마저 상실하게 됩니다. 아이가 의욕을 잃지 않고 계속 즐겁게 공부할 수 있도록 하기 위해, 함께 책을 읽거나 가사 정리를 하는 모습을 보여 주는 것이 중요합니다.

자기 혼자 싫은 일을 하게 되었다는 생각이 들지 않도록, 엄마도 공부에 참가하여 끝까지 아이와 함께 뛴다는 마음 자세를 보여 주세요.

'언제까지'라는 시간 개념을 심어 준다

집중력을 강화시켜 주기 위해, "언제까지 ~해야 한다."라고 알려 주어 시간 개념을 갖도록 해 주세요. 아이가 무엇인가를 할 때 하루, 한 시간 등 시간 단위를 정하여 처리하는 습관을 붙이다 보면 자연스레 시간 개념도 몸에 익숙해질 것입니다.

사람은 누구나 동일한 양의 시간이 주어져도, 좋아하는 일을 할 때에는 그 시간이 짧다고 느끼는 반면, 싫은 일을 할 때에는 그 시간이 길다고 느낍니다. 그러니 자신의 체감 시간에 의지하다 보면 시간 감각이 일정하지 않을 수 있습니다. 항상 '언제까지'라고 하여 시간 체크를 습관화시키다 보면 좋아하는 일이든 아니든 통일된 시간 감각을 가지고 집중하게 될 것입니다.

기상, 식사, 취침 시간을 매일 동일한 시간에 규칙적으로 한다

기상, 식사, 취침 등의 생활습관을 일정하게 하면, 그 일상에 맞추어진 공부도 필연적으로 습관화될 것입니다. 이제까지 조사한 많은 사례에서도 대부분의 '공부 잘하는 아이'들은 취침 시간이 일정하였습니다. 취침 시간이 동일하다면 아침에 일어나는 시간도 일정할 것이고, 공부 시간도 일정하게 되겠지요.

그러니 '공부 잘하는 아이'로 키우고 싶다면, 먼저 취침 시간을 일정하게 하는 것부터 시작하세요. 그런 다음 공부 시간, TV 시청 시간, 식사 시간, 간식 시간도 일정하게 하도록 유의합시다.

가능한 한 아이 앞에서 TV 시청을 하지 않는다

아이에게 공부하라고 해 놓고 TV 앞에 앉은 엄마. 그 모습에 아이는 '엄마만 좋아하는 TV를 볼 수 있다니, 기분 나빠!'라고 생각할 수 있습니다. 그러니 TV 시청은 시간을 정해서 아이와 함께 하는 방향으로 신경써 주세요. 아니면 녹화해 두었다가 아이가 잠들고 난 뒤에 여유롭게 보세요.

이런 작은 배려가 아이에게 '엄마는 언제나 나와 함께'라는 생각을 심어 줄 수 있습니다.

오늘 하루 일상에 대해 반드시 물어 대화한다

아이에게 관심을 기울여 칭찬할 소재와 대화거리를 찾아낸다는 것은 코치로서 정말 중요한 일입니다. 아이가 오늘 하루 어떠한 새로운 체험을 하였는지 매일 묻고 귀기울여 들어 보세요.

집에서는 알 수 없던 아이의 학교 생활, 교우 관계, 집을 벗어나 만나는 주변 환경, 그리고 그러한 것들에 대한 아이의 생각과 대응 등을 대화를 통해 알 수 있습니다. 그러한 대화를 통해 아이를 칭찬하여 격려할 수도 있고, 또 아이 스스로 해결할 수 없는 문제 상황도 조기에 확인하여 그러한 요인들이 아이에게 잘못된 영향을 미치기 전에 개선할 수도 있습니다.

‘포상’을 준비하여 동기를 향상시킨다

보상이 전혀 주어지지 않는다면, 어느 누구든 싫어하는 일을 하려 들지는 않을 것입니다. 더구나 이해 득실을 따지는 경향이 강한 아이라면 더더욱 그렇겠지요.

“공부가 끝나면 30분 정도 게임을 해도 된다.”, “공부가 끝나면 놀러 나갈 수 있다.” 등 공부가 끝난 후 줄 수 있는 즐거운 ‘포상’을 여러 가지 준비해 둡시다. 그 포상이 공부에 대한 모티베이션과 집중력을 높여 주는 효과가 있습니다.

부모의 주의 · 감독이 미치는 범위 내에서 생활하게 한다

"네 방에 가서 공부해."라고 하는 것은 "엄마가 볼 수 없는 곳이니 무엇을 해도 괜찮다."는 말을 하는 것과 같습니다. 공부란 그다지 즐거운 일이 아니기 때문에 부모의 시야에서 벗어나게 된다면 쉽게 공부가 아닌 다른 좋아하는 것에 신경을 빼앗길 수 있습니다. 그러니 아이가 중학교에 들어가기 전에는 가능하다면 거실과 공부방을 겸용하도록 해주세요.

엄마의 감독이 미치는 곳에서 공부하도록 하여, 주의력이 분산되지 않고 집중할 수 있는 조건을 만들어 주세요.

매일 조금씩이라도 반드시 학습하도록 지도한다

운동선수가 훈련을 쉬다가 다시 시작하는 경우, 훈련을 지속하며 유지하던 신체 감각을 되찾기까지는 휴식을 취한 일수의 3배의 기간이 걸린다고 합니다. 공부도 마찬가지입니다. 그러니 매일 조금씩이라도 공부하는 습관을 들이도록 해 주세요. 공부는 하루라도 거르게 되면 학습 능력이 떨어질 뿐만 아니라 '습관'마저 끊어져서, 그 습관을 회복하기 위해 강한 의지도 필요하게 되니까요.

한번 단절된 습관을 되돌리기란 정말로 힘이 듭니다. 하물며 유난히 즐거운 일이 아닌 공부하는 습관은 더욱 그렇습니다. 그러니 공부 습관이 단절되지 않도록 휴일에 여행을 갈 때에도 거르지 말고 매일 조금씩이라도 학습을 계속하게 하세요.

습관화로 심리적 고통을 경감시킨다

'하기 싫은 일을 계속하는 고통', 이와 같은 고통을 완화시킬 수 있는 최선의 방법이 습관화입니다. 매일 같은 시간대에 같은 분량의 공부를 습관화시킨다면, 아마 공부도 이를 닦는 것만큼이나 당연하게 받아들이게 되어 심리적 고통이 경감된 상태에서 할 것입니다.

싫어하는 공부를 하도록 습관들이기까지 어쩌면 엄마가 공부하는 아이 곁에 꼬박 붙어 앉아 지키지 않으면 안 될 시기도 있을 것입니다. 초등학교 저학년 단계까지는 정해진 학습 시간에 엄마가 아이의 곁에 앉아 공부를 체크해 가며 코칭해 주세요.

학습 능력이 뛰어난 아이로 키우기 위해 어려서부터 규칙적인 생활습관을 익혀 주는 것이 정말 중요하다는 것은 더 이상 강조할 필요가 없습니다. 이 책에 실린 그리고 이 책을 읽은 부모님이 코칭해야 할 아이들의 '학습 능력'이란 체험 또는 학습된 정보를 기억하고 정리하였다가 그것을 되묻는 시험에 대비한다는 성격이 더욱 강합니다. 그러다 보니 암기 능력과 연상 능력을 많이 요구합니다.

그런데 이제까지 인류가 발견하여 쌓아 온 지식과 지혜는 참으로 방대하여, 그만큼 아이들에게 요구되는 학습의 양도 많습니다. 그 많은 지식들을 외면하고 있다가 어느 순간 필요성을 느꼈다고 해서 단시간에 모두 깨우쳐 암기할 수는 없습니다. 그러므로 어려서부터 꾸준히 학습하여 차근차근 지식을 쌓아가는 것이 최선의 방법입니다. 고도의 지식 정보화 사회인 오늘날 특히 강조되고 있는 창의적인 사고도 이미 축적되어 있는 지식을 이해하고 지혜를 깨친 토대 위에서 가능합니다.

당장 현실적 필요성을 느끼지 못하는 데, 스스로 공부하는 것을 즐길 수 있는 사람은 극히 드물 것입니다. 아이들 대부분이 공부를 "하고 싶지 않다."고 반응하는 것도 어쩌면 너무도 당연한 모습입니다. 그러니 아이들 스스로 공부 습관을 갖추기를 바란다는 것은 무리한 요구일 것입니다. 그렇기 때문에 아이가 공부를 좋아하느냐, 싫어하느냐라는 감정을 떠나 공부란 매일 규칙적으로 해야 하는 것으로 받아들이고, 습관화되기까지 부모의 코칭이 이루어져야만 합니다.

물론 싫다고 하는 아이에게 공부 습관을 길러 주기란 어머니들에게 결코 유쾌하지만은 않은 일입니다. 게다가 공부에서 벗어나려고 온갖 지혜를 짜내는 아이를 코칭하기 위해 엄마가 아이와 생활 사이클을 같이 하는 것도 고통스러울 거라고 생각합니다.

만약 "아이의 의사를 존중해 주고 싶다.", "공부를 잘하는 아이보다 배려할 줄 아는 아이로 키우고 싶다."고 생각하시는 부모님이라면 그러한 상황에서 벗어날 수도 있을 것입니다. 하지만 만약 아이를 '공부 잘하는 아이'로 키우고 싶은 바람이 있는 부모님이라면, 그러한 불편 상황을 어느 정도 인내해야만 합니다. 그 불편한 상황이 주는 불쾌함을 얼마나 인내할 수 있느냐에 따라 코칭의 성공 여부가 결정됩니다.

다행히 많은 성공 사례를 통해 확인된 성공적인 코칭 법칙들은 그러한 어머니들의 노고를 상당히 줄여 줄 것입니다.

규칙적으로 일상생활을 하며 설령 단시간이더라도 아이가 매일 정해진 시간에 책상 앞에 앉는 습관을 몸에 익히도록 도와주십시오. 그러한 습관이 자리 잡으면 부모와 아이 모두에게 그 고통은 상당히 줄어들 것입니다.

이 책에서 소개하는 황금시간표는 아이의 학습력을 키우는데 부담감을 갖지 않고 손쉽게 활용할 수 있는 효용성이 큰 방편입니다. 우선 어머니와 아이의 일일 시간표를 1주일 단위로 짜 보십시오. 그리고 이 책에서 제시하는 10항목을 하나씩 실행해 나가십시오. 더 큰 기대를 품게 해 주는 변화가 꼭 일어날 것입니다.

코칭 실천의 첫발을 내딛는 모든 어머니께 진심으로 성원을 보냅니다.

나카하타 치히로(中畑千弘)

부록 1 ●

차세대 리더를 기다리며
—성공하는 10대, 그 부모의 5가지 습관

필자는 모델링이라는 방법을 통해 성공하는 사람과 실패하는 사람을 비교 분석하고, 어떻게 하면 탁월해질 수 있는지를 연구하는 신경 언어 프로그래밍(Neuro Linguistic Programming, NLP) 트레이너이다.

1999년 여름에는 한국리더십센터에서 '성공하는 10대들의 7가지 습관' 이라는 청소년 리더십 프로그램을 개발, 운영했고, 2006년부터는 한국교육개발원과 함께 '영재 리더십' 교재와 프로그램을 공동으로 개발, 운영하고 있다. 이러한 과정에서 초등학생부터 대학생까지, 우등학생에서부터 이른바 문제 학생이라 불리는 부적응 학생에 이르기까지 다양한 아이들을 만나고 있다. 때로는 강의로, 때로는 코칭이나 상담으로. 그러다 보니 성공하는 학창 시절을 보내는 사람과 실패하는 학창 시절을 보내는 사람들의 특징을 자연스럽게 비교하게 된다.

NLP를 기반으로 청소년들을 바라볼 때, 성공하는 학생들과 실패하는 학생들 사이에는 극명하게 드러나는 '차이'가 있음을 발견할 수 있다. 목표 의식, 자존감, 시간 관리, 호기심, 집중력 등이 바로 그것이다. 이러한 특징적인 차이는 이미 학생들 자신이나 부모들이 익히 알고 있을 것이다. 하지만 정작 공부 잘하는 아이들이 '어떻게(how)' 목표 의식으로 무장하고 긍정적인 자존감을 유지 발전시키는지, 시간 관리는 어떻게 하며, 호기심을 어떻게 해결하는지 그리고 뛰어난 집중력을 유지하는지 등에 대해서는 모르는 경우가 대부분이다.

차세대 리더들의 습관

1. 목표 의식

공부 잘하는 아이들은 자신들이 원하는 것을 분명히 알고 있었다. "서울대 교육학과를 졸업해서 훌륭한 선생님이 될 것입니다.", "미국의 나사(NASA)에 취직해서 우주 개발 프로젝트에 참여할 것입니다." "이 나라의 대통령이 되어 마지막 숙원 사업인 통일을 이룩할 것입니다." 등등. 자신의 목표를 말하는 데

거침이 없었다.

이에 반해 학습 능력이 다소 떨어지는 학생들은 목표에 대해 말을 하지 못했고, 자신들이 무엇을 원하는지에 대해 깊게 생각하지 않았다. 어쩌다 말을 하더라도 능동적인 삶의 목표가 아니라 수동적으로 표현하기 일쑤였다. "대학에 떨어지지 않았으면 좋겠습니다.", "일하지 않고 놀았으면 좋겠습니다." 등등 자신의 삶에서 일어나지 않았으면 하는 것을 말했다. 어른의 입장에서 온몸에 힘이 빠지는 안타까운 대답들이다. 하물며 부모님들은 얼마나 답답할까? 하는 생각이 들었다.

서울대를 가고 싶다는 고등학교 2학년 여학생은 자신이 존경하는 선생님과 대화를 나누며 구체화시킨 자신의 목표를 수첩에 분명하게 기록해 놓고 매일 여러 차례 보고 있었다.

대통령이 되고 싶다는 중학교 2학년 남학생의 경우, 평소 하고 싶은 것들이 여러 가지 있었다. 그러던 중 우연히 리더십 캠프에 참여하고, 그곳에서 자신이 진정으로 도전하고 싶은 목표를 발견하였다. 그것을 이루기 위해 소중한 꿈을 타임캡슐에 넣었고, 수첩에 기입했다. 그리고 학창 시절의 목표들을 세분화하여 실천해 나가기로 하였다. 큰 목표를 이루기 위해 작은 목표들을 우선적으로 성취해 나갈 필요가 있다는 것을 너무도 잘 알고 있었다.

나사의 과학자가 되고 싶다는 중학교 2학년 여학생은 우선

과학고에 진학하고, 자신이 원하는 대학에 가서 공부를 마친 후 외국에 나가 박사 학위까지 받는 목표를 구체적으로 갖고 있었다. 그리고 그 목표를 이루는 방법으로 '과학 경시 대회'에 참가하는 전략을 세웠다. 중학교 때부터 자신이 참여할 수 있는 경시 대회에서 입상하여 목표를 하나씩 이루어 갈 예정이라고 말했다.

2. 자존감

청소년기에 그들의 성공을 결정하는 중요한 요소 중 하나가 바로 자존감이다. 필자는 프로그램을 운영하며 만나는 학생들에게 "나는 누구인가?"라는 아이덴티티로 자존감을 향상시키는 시간을 갖는데, 이때 아이들은 현재와 미래의 자신에 대해서 알고, 미래의 자신에 대한 믿음을 강화한다.

"나는 지구를 살리는 과학자입니다.", "나는 이 세상에서 역사 수업을 가장 재미있게 가르치는 역사 교사입니다.", "나는 세계 최고의 기업을 이끄는 CEO입니다."라는 미래의 아이덴티티뿐 아니라, "나는 최선을 다해서 공부하는 착한 학생이자 딸입니다.", "나는 우리 집에서 가장 소중한 보물입니다.", "나는 친구들과 선생님들이 가장 좋아하는 모범적인 학생입니다."라고 현재의 아이덴티티도 분명하고 보여 주었다.

이러한 아이덴티티는 분명한 목표 의식을 가지고 강한 집중력으로 자신이 원하는 것들을 하나씩 성취해 가는 과정에서 너무도 자연스럽게 형성된다.

3. 시간 관리

《성공하는 사람들의 7가지 습관》의 저자 스티븐 코비 박사는 "소중한 것을 먼저 하라."고 이야기한다. 박사의 또 다른 저서인 《성공하는 10대들의 7가지 습관》에서도 이러한 습관은 그대로 이어진다. 학창 시절을 잘 보내는 청소년이 보여 주는 특징은 시간 관리이다. 모두가 똑같이 24시간을 허락받지만 시간의 사용 형태는 제각각이다.

초등학교에서는 동그란 원 안에 24시간을 조각내어 아침 기상 시간, 공부 시간, 잠자는 시간 등을 계획한다. 어른이 되어서도 해 볼 만한 방법이다.

이러한 방법에 익숙해지면 시간 관리 전략도 세울 수 있게 된다. 실제 성공하는 학생들의 경우 시간 관리를 목표 관리와 병행, 시간을 효율적으로 사용하고 있었다. 1년을 기준으로 목표를 세우고, 그 목표를 달성하기 위해 필요한 학기당 과목별 목표 점수를 명확히 썼다. 우선 현재의 점수를 분석하고, 목표 점수를 달성하기 위해 공부할 과목에 1일 몇 시간을 어떻게 배정하여 공략할지 전략을 세운 다음 그것을 날마다 실천하고 평가했다.

목표 없이 공부하는 대부분의 학생들과는 상당히 차별화된 모습이었다. 그들이 원하는 목표를 완수하게 될 시험 기간 전까지, 오늘은 몇 시까지 수학 문제지를 몇 페이지까지 풀고, 영어는 몇 장까지 공부하는지 계산되어 있었다. 공부도 체계적이고 논리적으로 접근하는, 과학적 혹은 수학적 관리 방식으로 진행하고 있었다.

4. 호기심

워크숍을 진행하면서 공부 잘하는 학생들의 또 다른 특징 가운데 하나는 왕성한 호기심이라는 것을 자주 발견한다. 아이들에게 과제를 주면, 공부를 잘하는 학생들은 깊게 그리고 끊임없이 물고 늘어지는 경향이 있다.

이에 반해 부적응 학생들은 금방 싫증을 낸다. 이런 문제풀이에 흥미가 없거나 잘하지 못한다고 스스로 판단해 버린다. 즉 호기심이 부족한 것이다. 나이가 들면 호기심을 갖고 싶어도 현실적인 환경이 이를 허락하지 않는다. 그런데 어렸을 때부터 호기심 없이 판에 박힌 사고로 살게 되면 현재도 현재이지만 미래가 더 염려스러워지는 것이다.

호기심이 왕성한 아이들의 경우, 주로 자신이 좋아하고 잘하는 것에 호기심을 가지고 있었다. 호기심은 이처럼 목표 의식과 관련이 깊다. 자신이 아는 것과 잘하는 것에서 시작을 해서 자신이 아직 잘 모르는 것과 해 보지 못한 것으로 확장되어 가는 아이들의 호기심은 곧 그 아이를 새로운 세계로 이끌어 가고, 그것이 자연스레 목표 설정으로 이어질 수 있다. 그 목표로 다가가기 위해 노력하는 과정에서 호기심 또한 함께 키워진다.

수업 중에 자꾸 손을 든다. 과제를 주면 끝까지 풀어 보려고 안간힘을 쓴다. 친구들과 함께 모둠 활동을 할 때도 새로운 것에 자꾸 도전한다. 그리고 계속 질문을 한다. 이러한 작은 행동들이 바로 호기심으로 연결되고, 이런 행동들을 하면서 어느 순간 아이들은 자신들이 어렵다고 생각하던 문제의 답을 발견하여 성취감을 느끼고, 그것이 또 다른 호기심을 강화시키는 촉매가 된다.

5. 집중력

영재 학생들과 리더십 워크숍을 하다 보면, 확실히 일반 학생들보다 여러 면에서 뛰어나다는 것을 알 수 있으며, 그 대표적인 것이 바로 집중력이다. 여기서 말하는 집중력은 책상 앞에 무던히 앉아 있는 것만을 이야기하는 것이 아니다. 과제에 대한 집중력 혹은 집착력, 즉 과제 책임감이 뛰어나다는 것이다.

집중력은 결과와 직결되므로, 공부를 잘하기 위해 반드시 필요한 요소라고 할 수 있다. 하지만 성공하는 아이들도 처음부터 집중력이 뛰어난 것은 아니다. 아주 작은 것부터 실천해서 자신이 원하는 것만큼 집중력을 발휘하는 습관을 기른 것이다. 집중력 역시 후천적으로 습득할 수 있는 능력이다.

부모들은 아이들이 책상에 지그시 앉아 공부만 하기를 바란다. 혹은 지그시 책상 앞에 앉아 있으면 집중력을 발휘하여 열심히 공부하고 있는 것이라 생각한다. 하지만 집중력이란 의식의 문제이다. 의식을 통해서 몸도 이끌어 간다. 생각한 대로 자신을 이끌어 가서 행동으로 보여 주고 결과를 만들어 내는 것이 바로 집중력이다. 집중력은 에너지이다. 그 에너지를 잡는 방법이 바로 '지금 여기(now & here)' 에 의식을 집중하는 것이다.

이러한 집중력을 기르는 최고의 방법은 자신이 잘하고 좋아하는 것을 즐기는 것에서부터 시작하는 것이다. 어떤 놀이에서의 집중력은 공부에도 그대로 연결될 수 있다. 아이가 어느 한 분야에서 집중력을 발휘하는 그 과정들은 다른 것에도 그대로 적용될 수 있기 때문이다.

위에 소개한 다섯 가지는 '공부 잘하는 아이들' 의 습관에 대해 필자의 경험을 바탕으로 간단하게 정리한 것이다.

그런 측면에서 보면 〈황금시간표〉는 필자의 의견을 더욱 상세하고 실질적으로 정리한 종합서라고 평가할 수 있다. 내 아이를 '공부 잘하는', '성공하는 인물' 로 만들기 위한 명쾌한 방법들이 구체적으로 서술되어 있다. 아이가 초등 저학년에 이르기 전에 가정에서 실천할 수 있는 구체적인 지도 방법을 제시하고 있으므로 '결코' 복잡하거나 어렵지 않다. 그 방법을 하나씩 실천해 가다 보면 아이의 목표 관리력과 집중력은 물론 자존감도 함께 향상시킬 것이며, 아울러 어느덧 내 아이는 '공부 잘하는' 아이 그룹에 속하게 될 것이다.

이하에서는 새롭게 지면을 나누어 〈황금시간표〉를 읽고 필자가 공감하는 내용을 정리하면서, 차세대 리더를 양성하기 위한 부모의 습관을 덧붙인다.

차세대 리더를 키우는 부모의 습관

아이들은 어른들의 뒷모습을 보고 배운다고 한다. 부모의 행동 하나, 말 한마디가 바로 아이들의 미래로 연결되는 것이다. 부모는 그만큼 아이의 장래에 지대한 영향을 미친다.

차세대 리더를 키우기 위해서는 자식에 대한 믿음, 긍정적인 말, 아이덴티티, 행복한 가정, 인내와 기다림이 필요하다.

1. 믿음

필자는 강의를 통해서 학부모들에게 이런 질문을 종종 던진다. "이 세상 엄마들이 가장 잘하는 것이 무엇인가?" 많은 어머니들이 '잔소리, 칭찬, 사랑' 등 다양한 대답을 한다. 물론 이것도 맞지만, 필자가 갖고 있는 정답은 '우리 아이들이 못하는 것을 발견하는 것'이다. 아이들이 못하는 것을 발견하니까 잔소리를 하게 되고 꾸중도 하게 된다. 이것이 이 세상 엄마들이 가장 잘하는 것이다.

어떤 아이든 잘하는 것과 못하는 것이 있게 마련이지만, 부모들은 보편적으로 아이들이 잘하는 것보다는 못하는 것에 초점을 맞춘다. 그러고는 아이 이야기만 나오면 걱정이 앞선다고 한다.

이제 새로운 무기—우리 아이들이 잘하는 것을 발견하는 눈을 갖추도록 하자. 이 새로운 무기는 다름아닌 믿음이다. 내 아이가 잘하는 것이 무엇인지를 발견하고, 그것에 대해 '잘한다'고 칭찬을 하는 것은 결국 내 아이를 믿는다는 말이다. 이런 믿음은 아이를 고무시키는 촉진제 역할을 할 것이다.

내 아이가 장차 어떤 인물이 될 것인지에 대한 믿음을 점검해 보자. 한번 상상해 보라. 내 아이가 어른이 되었을 때 어떤 일들을 하고, 어떤 사람들과 어디서 생활하고 있을지 긍정적인 상상들을 해 보라. 그리고 괜찮다면 아이가 잘하고 있는 것들을 많이 떠올려 보고, 그 기억을 간직한 채 아이를 만나라. 과거에 잘한 것과 미래에 잘할 수 있는 것을 그려 보면서, 내 아이가 장차 그런 인물이 될 것이라는 믿음을 가져라. 차세대 리더의 첫 발걸음은 부모의 믿음을 바탕으로 내딛게 된다.

2. 긍정적인 말

GE의 전 회장인 잭 웰치는 어렸을 때 말을 더듬었다. 학교에서는 많은 친구들로부터 말더듬이라고 놀림을 받았고, 때로는 선생님마저도 잭의 마음을 아프게 했다. 기가 죽은 채 학교에서 돌아오는 아들에게 그의 어머니는 언제나 이렇게 말했다. "잭, 너는 생각이 너무 빨라서 말이 제때 못 따라갈 뿐이야." 엄마의 믿음이 그대로 투영된 말이었다. 엄마는 아들이 정말 그렇게 성장해 주기를 바랐다. 어린 아들은 엄마의 응원에 힘입어 마침내 자신의 꿈을 이룬 인물이 되었다.

차세대 리더를 만드는 데 있어서 말의 중요성에 대해서는 아무리 강조해도 지나치지 않다. 이런 결단을 해 보는 것은 어떤가? "나는 아이들에게 바른 말, 고운 말, 긍정적인 말들만 한다." 자라면서 부모로부터 듣는 말들은 어른이 되어서도 생활에 크나큰 영향을 미치게 된다.

간혹 아이들을 저주하는 말들을 내뱉는 부모들이 있다. 물론 부모들의 잘못된 습관이 저지른 행위들이다. 아이들에게는 사랑스런 말들을 많이 하고, 응원의 말들을 자주 하고, 인정하고 칭찬하는 말들을 많이 해야 한다. '말하는 대로 이루어진다.' 는 속담을 명심하자. 내 아이의 긍정적인 면을 강조해서 축복하고 지지해 주는 말들을 하게 되면 아이는 자신답게 그리고 부모의 바람대로 굳건히 일어설 것이다. 그리고 말할 것이다. "엄마 아빠가 저를 이렇게 만드셨어요!"라고.

3. 아이덴티티

"나는 어떤 부모인가?", "나는 누구인가?"라는 질문에 어떻게 답을 할 것인가? 아이덴티티에 관한 이 질문에 긍정적으로 답할 수 있는 부모라면 아이들을 남다른 방법으로 양육할 것이다.

"나는 아이들을 사랑과 지혜로 양육하는 맘 코치이다."라는 아이덴티티를 가진 엄마는 그 방식으로 아이를 양육하기 위해 최선을 다할 것이다. 왜냐하면 자신이 누구라고 믿고 있느냐에 따라 두뇌가 행동을 지배하기 때문이다. 강의 때마다 흔히 드는 사례이지만, 자신을 바보라고 믿고 있는 사람들은 바보 같은 행동을 하게 마련이다. 왜냐하면 그의 두뇌가 자신을 바보라고 인식하고 있기 때문이다.

부모로서 아주 긍정적인 힘을 주는 아이덴티티를 하나씩 만들기 바란다. 아이덴티티라는 말이 거창하다면 그냥 별명이라고 해도 좋다. 자신에게 힘을 주는 긍정적인 별명을 하나씩 만들어 보자. '꿈의 연금술사', '성공 제조기' 등 가정에서 아이들을 위한 자신만의 별명을 하나씩 만들어 역할 놀이를 해 보기 바란다.

4. 행복한 가정

2000년, 당시 코카콜라 회장이던 더글러스 태프트는 '저글링(Juggling)' 이라는 제목으로 신년사를 했다.

그는 "우리에게는 일, 가족, 건강, 친구, 영혼이라는 다섯 개의 공이 있다. 그중에서 일은 고무공이고 나머지 네 가지는 유리공이다. 고무공은 떨어져도 깨어지지 않고 다시 튀어오르지만, 유리공은 한번 떨어지면 깨져 버린다. 결코 회복시킬 수 없다. 가정은 가장 소중한 유리공이다. 행복한 가정을 이루는 것이 부모들의 가장 중요한 의무이다."라는 요지의 말을 했다.

이 신년사가 우리에게 시사하는 바는 매우 크다.

사랑하는 아이들의 꿈이 현실로 되기 위해 부모들이 반드시 만들어야 할 것이 바로 '행복한 가정' 이다. 어떠한 형태의 가정이든 아버지가 아버지답게, 아니면 어머니가 어머니답게 자신의 역할에 최선을 다하여 아이들에게 가정이 얼마나 행복한 곳인지를 느낄 수 있도록 해야 한다.

아이들이 '우리 집은 정말 행복한 곳이야.' 라고 느끼도록 해야 한다. 이 말 한 마디는 아이의 현재와 미래를 결정한다. 아이들은 행복하다고 느끼는 순간, 어떤 문제든 지혜롭게 그리고 인내를 가지고 풀어간다.

가족 구성원들은 대화를 많이 해야 한다. 아버지가 생각하는 행복, 어머니가 생각하는 행복, 그리고 아이가 생각하는 행복에 대해서 서로 소통해 가면서 행복한 가정을 꾸려야 한다. 행복은 지키기는 어렵고, 깨뜨려지기는 너무나 쉽다. 한번 깨어지면 다시 회복하는 데 많은 시간과 에너지가 필요하다. 그런 측면에서 부모들은 행복한 가정을 만들도록 최선을 다해야 한다.

5. 기다림

필자는 청소년들과 워크숍을 가진 후에 일정 기간이 지나면 다시 만나는 기회를 가진다. 오랜만에 만나 아이들과 그동안의 이야기를 하다 보면, 부모들이 기다려 주지 않는다는 얘기가 가장 많이 나온다.

워크숍을 마친 아이들은 지친 탓에 그 다음 날 모처럼 맘 편히 늦잠을 자게 된다. 워크숍을 다녀온 아이가 획기적으로 변모하기를 기대했던 부모들은 걱정과 한탄의 소리를 내기 시작한다. 첫날부터 늦잠을 자다니! 아이들을 깨우면서 부모들은 부정적인 말부터 쏟아붓는다.

“부모님을 기쁘게 해 드리려고 했는데, 늦잠을 잔다고 야단을 치셨어요.”, “돈이 아깝다고 하셨어요.”, “정말 잘해 드리려고 했는데, 기회를 주지 않으시더라고요.”

부모 못지않게 아이들도 크게 실망한다. 그러면서 아이들은 덧붙여 말한다. “조금만 기다려 주셨으면 스스로 알아서 했을 텐데.”

그렇다. 부모의 가장 큰 약점은 기다리지 못하는 것이다. 아이들의 마음을 헤아려 주자. 아이들은 초등학교만, 중학교만, 혹은 고등학교만 다니고 인생을 마치는 것이 아니다. 기나긴 인생을 살아가야 한다. 때로는 혼자서 걸어가야 한다. 부모는 그들이 각 단계마다 잘 건너갈 수 있도록 감정을 절제하며 징검다리가 되어 주어야 한다. 그들이 긴 인생에서 진정한 승리자, 홀로서기가 가능한 인물이 되도록 돕기 위해서는 인내하며 기다려 주어야 한다. 아이들을 믿고 기다려 주는 것이야말로 부모의 역량이자 성품이다.

부모와 아이들이 함께 할 긴 시간 여행을 준비하기 위한 좋은 도구가 이번에 나왔다. 이 책을 통해서 우리 부모들은 아이들이 성공하기 위해 필요한 것들이 어떤 것들인지를 파악하게 될 것이다. 훌륭한 선수가 탁월한 코치 밑에서 나오듯이 좋은 아이는 훌륭한 부모 밑에서 키워진다. 이 책에는 아이를 훌륭하게 멋지게 키우는 코치로서의 기법과 내용이 상세하게 서술되어 있다. 이 책을 읽으면서 아이와 함께 멋진 라운딩을 즐겨보길 권한다.

부모들의 생각만큼 아이들은 생각한다. 부모들의 말만큼 아이들도 이야기하고, 부모들의 믿음만큼 아이들의 믿음도 강해진다. 부모와 아이들이 따로 노는 것이 아니라 함께 여행하는 기분으로 이 책을 읽었으면 한다. 부모가 아이들과 함께 할 때, 공부는 물론 인생도 정상에 우뚝 설 것이다.

2009년 가을을 맞아
NLP 전략연구소에서
박정길

www.nlp.co.kr | alsegu@nate.com

시간표 1 1학기 ★ 엄마와 함께 만드는 황금시간표

	4시	6시	8시	10시	12시	14시
엄마의 시간표						
아이의 시간표						

엄마 기상 시간 시 분 취침 시간 시 분
아이 기상 시간 시 분 취침 시간 시 분

16시	18시	20시	22시	24시	2시	4시

여름 방학 ★ 엄마와 함께 만드는 황금시간표

	4시	6시	8시	10시	12시	14시
엄마의 시간표						
아이의 시간표						

엄마 기상 시간 시 분 취침 시간 시 분
아이 기상 시간 시 분 취침 시간 시 분

16시	18시	20시	22시	24시	2시	4시

2학기 ★ 엄마와 함께 만드는 황금시간표

	4시	6시	8시	10시	12시	14시
엄마의 시간표						
아이의 시간표						

엄마 기상 시간 시 분 취침 시간 시 분
아이 기상 시간 시 분 취침 시간 시 분

16시	18시	20시	22시	24시	2시	4시

겨울 방학 ★ 엄마와 함께 만드는 황금시간표

	4시		6시		8시		10시		12시		14시	
엄마의 시간표												
아이의 시간표												

엄마 기상 시간 시 분 취침 시간 시 분
아이 기상 시간 시 분 취침 시간 시 분

16시	18시	20시	22시	24시	2시	4시

초등생 학습력을 높이는 황금시간표

초판 1쇄 인쇄 | 2009년 11월 3일
초판 1쇄 발행 | 2009년 11월 11일

지은이 | 나카하타 치히로
옮긴이 | 주용기
펴낸이 | 강인숙
펴낸곳 | 부엔리브로

등록 | 제313-2006-000119호
주소 | 서울시 마포구 서교동 394-25 동양한강트레벨 1009
전화 | 02. 324. 2347.
팩스 | 02. 324. 2348.
이메일 | buenolibro@hanafos.com
ISBN 978-89-959682-8-4 03590

값 10,000원